AF455632

CARNET DE POCHE

CONTENANT

LES PRIX ET SOUS-DÉTAILS DE LA CONSTRUCTION

EN GÉNÉRAL

POUR LE DÉPARTEMENT DE LA COTE-D'OR

PAR M. CORNU

Ingénieur civil, Architecte-Métreur-Vérificateur

DIJON

MANIÈRE-LOQUIN, LIBRAIRE-ÉDITEUR

1, PLACE D'ARMES, 1

Et chez tous les Libraires du département

DIJON, IMP. RABUTÔT, VICTOR DARANTIERE, Sr.

CARNET DE POCHE

CONTENANT

LES PRIX ET SOUS-DÉTAILS DE LA CONSTRUCTION

EN GÉNÉRAL

POUR LE DÉPARTEMENT

Ce livre est non seulement utile aux entrepreneurs et aux ouvriers, mais encore à tous les propriétaires qui veulent se rendre compte par eux-mêmes des travaux qu'ils ont à faire exécuter.

Tous les prix et les sous-détails ont été en partie pris sur les séries demandées par M. le ministre à l'architecte du département de la Côte-d'Or et sur les adjudications les plus récentes.

La combinaison du métré de chaque espèce de travaux a été faite après le plus scrupuleux examen, en prenant en considération le temps passé par l'ouvrier et la valeur de la matière première employée dans les divers travaux, et le tout par mètre cube, mètre superficiel ou mètre linéaire.

L'établissement de conduites d'eau en charge pour lavoirs publics et l'établissement de bornes-fontaines sont traités à fond. Les entrepreneurs pourront prendre tous les renseignements dont ils ont besoin pour ces sortes de travaux et pour les prix.

TERRASSEMENTS

Déblais (le mètre cube). — 1° Au large ou en excavation, ou en rigole, jusqu'à 2m20 de profondeur, compris jet de pelle sur berge, ou chargé en brouette ou au tombereau, dans la terre végétale, argileuse ou graveleuse, avec dressement du fond et des parois.

SOUS-DÉTAILS.

1 heure 20 de piocheur, à	» f. 35	» f. 42	
0 h. 60 de pelleur, à	» 35	» 21	
Prix du mètre cube			» f. 63

Déblais à la pioche et à la pince. — 2° Le mètre cube de terrassement comme ci-dessus, mais dans des terres qui ne peuvent s'exploiter qu'au pic et à la pince.

2 heures 30 de piocheur, à	» f. 35	» f. 80	
1 heure de pelleur, à	» 35	» 35	
Prix du mètre cube			1 15

Rocher à la mine. — Le mètre cube comme précédemment, exploité à la mine, déblais au large à toute hauteur ou en excavation, ou fouilles pour fondation jusqu'à 2m20 de profondeur, compris chargement en brouette ou au tombereau, ou jet sur berge et exploité à la mine.

Prix du mètre cube 2 80

Plus-value. — 1° Par mètre cube de fouilles de moins de 2 mèt. de largeur, en rigoles, et au-dessous de 2m20 de profondeur sur les travaux ci-dessus.

Déblais faciles	» f. 63	
Plus-value, 1/5	» 12	
		» 75
2° Déblais à la pince	1 f. 15	
Plus-value, 1/5	» 23	
		1 38

1

Déblais à la mine	2 f. 80	
Plus-value, 1/5	» 56	
		3 f. 36

Démolition de vieilles chaussées. — Le mètre cube de démolition de chaussées empierrées en macadam, au pic; le mètre cube. 1 20

Démolition et brèche de murs en moellons ou en briques, avec triage des matériaux et emmétrage; le mètre cube 1 80

De murs en moellons ou briques, avec triage dans l'embarras des étais. 2 50

De murs en pierres de taille. . . . . 3 »

De murs dans l'embarras des étais 3 50

Avec descente en sortie, 50 c. en plus par mètre cube des prix ci-dessus. . . . . » 50

(Ces prix ne comprennent pas l'enlèvement des déblais et leur transport aux décharges publiques; cet article sera compté à part.)

Démolition d'anciens enduits. — Au mortier de chaux hydraulique . . . . » 15

Au ciment. . . . . » 40

Grattage de vieux murs ou de badigeon. . . . . . . » 05

Jet à la pelle. — Des terres fouillées de toutes espèces, jusqu'à 4 mètres de distance, soit horizontalement, soit verticalement, à 1m60 de hauteur; le mètre cube . . . . » 17

Reprise ou chargement. — Reprise ou chargement des déblais de toute nature, après un dépôt de plus d'un mois; le mètre cube . . . . » 25

Plus-value. — Par mètre cube de déblais pour fouilles ordinaires ou en rigoles, et jet à la pelle dans le cas d'embarras d'étais, d'eau, ou en sous-œuvre de construction.

Dans le cas d'étais, 1/4 en plus. 1/4

Dans l'eau, 1/2 en plus. 1/2

Dans l'eau avec étais, 3/4 en plus. 3/4
En sous-œuvre de construction, 3/4 en plus 3/4
— avec étais, 1 en plus . . . . 1 »
— dans l'eau, 1 1/2 en plus. 1 1/2

Régalages. — Par couche de 0m20 d'épaisseur de terres fouillées, sable, graviers, démolition, etc.; le mètre cube . . . .
0 h. 25 de terrassier, à 35 c. . . . . » 08

Pilonnage des terres. — A l'arasement des fondations, avec régalage par couches de 0m20 de terre, de sable, gravier, etc.
0 h. 70 de terrassier, à 35 c. l'heure; le mètre cube . . . . » 25

Transport à la brouette ou au camion. — Décharge comprise des déblais de toute nature : terre, gravier, pierres brutes, pavés, pierres cassées ou de démolition, etc.

A la distance n'excédant pas 20 mètres	» 08
De 20 à 30 mètres, le mètre cube	» 10
De 30 à 40 — —	» 12
De 40 à 50 — —	» 15
De 50 à 60 — —	» 18
De 60 à 80 — —	» 21
De 80 à 100 — —	» 25
De 100 à 200 — —	» 50

Transport au tombereau. — Charge non comprise, déchargement compris de déblais de toute nature, tels que : terres, pierres cassées ou de démolition, pierres brutes, pavés, gravier, etc.

Les transports seront payés d'après les distances ci-après :

De 100 à 150 mètres; le mètre cube.	» 30
De 150 à 200 — —	» 35
De 200 à 300 — —	» 40
De 300 à 400 — —	» 45
De 400 à 600 — —	» 55
De 600 à 800 — —	» 65
De 800 à 1000 — —	» 75

(Pour chaque kilomètre en plus du premier, le prix des transports par mètre cube sera de 50 c., ou de 25 c. par demi-kilomètre. Tout demi-kilomètre commencé sera payé en entier.)

Transport aux décharges publiques, à une distance quelconque, des déblais ou matériaux de démolition; le mètre cube. . . . . 1 f. »

Dressement de surface. — Avec pilonnage, sable, gravier, terre, démolition, le mètre superficiel de dressement, régalage sur 0m05 d'épaisseur, sera payé . . . » 07

Chargement, montage et déchargement de terre par mètre de hauteur, avec fourniture d'équipages (terre, sable, gravier, etc.).

A la hotte et par échelle, ou soit par escalier, par mètre de hauteur. . . . le mètre cube. . . . . » 20

A la corde, au seau, — . . . . » 16

Au treuil et au seau, compris équipages . . . . . . » 12

Descente de terre, sable, gravois, etc.; diminution d'un quart sur les prix précédents.

Transport de terrain à un relai de 20 mètres.

A la hotte. . . . . . . le mètre cube . . . . » 20

Au seau et à l'auge, — . . . . » 30

Roches percées des montagnes. — Arrachement de roches percées dans les montagnes, pour construction de rochers, etc.; le mètre cube sur place, emmétré près des chemins accessibles. . . . . 10 »

Pour le prix du transport on suivra la série ci-contre par kilomètre.

Conduite d'eau. — Prix de l'établissement d'une **borne-fontaine,** compris robinet d'arrêt sous bouche à clef et 4 mètres de longueur de branchement en plomb de 0m34 de diamètre intérieur.

(NOTA. — Tous les prix de ce sous-détail comprennent les faux frais et le bénéfice de l'entrepreneur.)

Fouilles pour le caveau sous la borne-fontaine et

pour le branchement en plomb; $7^{m}50$ cubes, à 80 c. le mètre	6 f.	»
Maçonnerie en moellons, à mortier hydraulique pour les murs du caveau; $2^{m}70$ cubes, à 13 f. 68	36	93
Enduit en mortier de ciment hydraulique et sable fin; 1 mèt. carré, à 3 fr.	3	»
Une souillarde en pierre de taille, ayant $1^{m}50$ de longueur, $0^{m}80$ de largeur et $0^{m}25$ d'épaisseur, en place, y compris taillage à la boucharde fine et les évidements pour recevoir la borne-fontaine, la grille en fer et le tampon	25	»
Cuvette en pierre estimée en place, compris taillage et évidement	6	»
Dalles pour couvertes et radier; $0^{m}50$ carrés, à 5 fr.	2	50
Borne-fontaine en fonte, au modèle qui sera désigné; 65 kilog., à 45 c. le kilog.	29	25
Tampon en fer pour fermer le trou d'homme; 20 kilog., à 45 c. le kilog.	9	»
Tuyaux en plomb de $0^{m}34$ de diamètre intérieur, pesant 6 kilog. 80 par mètre linéaire, pour le branchement et la colonne dans l'intérieur de la borne-fontaine; 35 kilog., à 90 c. l'un	31	50
Un nœud de soudure pour réunir la colonne en plomb avec la bouche d'eau	3	»
Plombs pour les scellements des boulons destinés à fixer la borne-fontaine sur le souillard; 2 kilog., à 80 c.	1	60
Un robinet de service en œuvre, avec sa soupape à cône renversé, à placer au pied de la borne-fontaine.	30	»
Appareil de pression avec mouette, vis à filets doubles et écrous, compris ajustage et pose	30	»
Un petit robinet de décharge fixé sur le robinet de service, soudure et pose	3	50
Bouche d'eau en œuvre avec conduite et raccordement, et pas de vis	10	»
Un robinet d'arrêt et de décharge, de $0^{m}34$ de diamètre intérieur, avec deux brides y attenant; 5 kilog., à 5 fr. le kilog.	25	»
A reporter	252	28

Report.	252 f.	28
Serrure en œuvre avec gâche, entrée et clef en place.	7	»
Une tringle de manœuvre avec chapes, boulons et douille, embase en cuivre, un ressort à boudin à quatre cônes, et une armature en fer pour fixer le robinet de service; le tout est estimé en place, compris ajustage et pose.	16	50
Quatre brides à oreilles et huit vis à tête de chapeau, et écrous triangulaires pour les joints des robinets avec les tuyaux; le tout estimé.	12	»
Porte en tôle avec ses tourillons, compris ajustement et pose	8	»
Trois boulons à vis, écrous et scellements pour fixer la borne-fontaine, à 1 fr. l'un	3	»
Grille en fer forgé; 8 kilog., à 1 fr. 50 le kilog. . .	12	»
Percement des trous pour les guides dans l'intérieur de la borne-fontaine, et ajustage de la noyure du ressort	4	»
Six cuirs gras pour les joints à brides des robinets.	2	10
Pose de la borne-fontaine avec ses accessoires, y compris la façon des joints à brides.	12	»
Peinture à l'huile à trois couches, pour la borne-fontaine	2	»

Bouche à clef.

Terrassement, 1m10 cube, à 80 c. le mètre	»	88
Maçonnerie en moellons, 0m15 cube, à 13 f. 68 . . .	2	05
Tuyau en bois de chêne, de 0m20 de longueur sur 0m18 de diamètre, percé d'un trou de 0m81, et garni d'une frette en fer, estimé en place, tout compris . .	5	»
Tampon en fonte enchaîné	2	50
Une planche goudronnée, de 0m35 × 0,35 × 0,054 d'épaisseur, estimée	1	20
Pose de la bouche à clef.	»	75
Prix d'une borne-fontaine avec bénéfice. . . .	343	26

PRIX

des robinets-vannes mis en place.

	PRIX élémentaires.	De $0^{m}81$ de diamètre intér. QUANTITÉ.	De $0^{m}81$ de diamètre intér. PRIX.	De $0^{m}108$ de diamètre intér. QUANTITÉ.	De $0^{m}108$ de diamètre intér. PRIX.
Fourniture des robinets, compris transport de Paris à Dijon.	» »	» »	150 »	» »	190 »
Peinture au minium pour les joints.	» »	» »	» 33	» »	» 33
Fer forgé pour boulons et écrous	1 35	4 60	6 21	5 60	7 56
Plomb pour rondelles	» 70	3 80	2 66	4 70	3 29
Bordage et pose.	» »	» »	6 »	» »	7 »
Faux frais.	» »	» »	8 50	» »	10 »
Déboursés.	» »	» »	173 70	» »	218 18
Bénéfice, 1/10	» »	» »	17 30	» »	21 82
Prix.	» »	» »	191 »	» »	240 »

Ainsi, un robinet-vanne de $0^{m}81$ de diamètre intérieur coûtera . . . . 191 f. »

Et un robinet-vanne de $0^{m}108$ de diamètre intérieur coûtera. . . . . 240 »

POSE

d'un mètre linéaire de tuyaux en fonte pour conduite d'eau.

DÉTAIL POUR UN TUYAU DE $2^{m}50$ de longueur effective.		DIAMÈTRES INTÉRIEURS							
		De $0^{m}060$		De $0^{m}081$		De $0^{m}108$		De $0^{m}135$	
		Quantité.	Prix.	Quantité.	Prix.	Quantité.	Prix.	Quantité.	Prix.
Fourniture de plomb pour un joint	» 70	1 75	1 23	2 20	1 54	2 70	1 89	2 30	2 24
Fourniture de corde goudronnée.	1 30	» 20	» 26	» 30	» 39	» 40	» 52	» 50	» 65
Essai d'un tuyau à la presse hydraulique.	»	»	» 15	»	» 20	»	» 30	»	» 40
Transport à pied d'œuvre.	»	»	» 08	»	» 10	»	» 15	»	» 20
Descente dans la tranchée, pose et façon des joints	»	»	» 41	»	» 50	»	» 69	»	» 88
Charbon pour la fusion du plomb.	»	»	» 15	»	» 20	»	» 25	»	» 30
Déboursés		»	2 28	»	2 93	»	3 80	»	4 67
Faux frais et bénéfice, 3/20.		»	» 34	»	» 44	»	» 57	»	» 70
Prix pour un tuyau de $2^{m}50$ de longueur effective.		»	2 62	»	3 37	»	4 37	»	5 37
Prix d'un mètre linéaire		»	1 05	»	1 35	»	1 75	»	2 15

Fourniture des tuyaux.

Le mètre linéaire de tuyaux de $0^{m}60$ de diamètre intérieur pèse 14 kilog., à 25 c. le kilog.	3 f. 50
Pose comme ci-dessus.	1 05
Prix d'un mètre.	4 55
Le mètre linéaire de tuyaux de $0^{m}108$ de diamètre intérieur pèse 31 kilog., à 25 c. le kilog.	7 75
Pose comme ci-dessus.	1 75
Prix d'un mètre	9 50

MAÇONNERIE

Matériaux bruts rendus à pied d'œuvre.

Pierres de taille tendres. — De Saint-Paul, Trois-Châteaux (Midi)	le mètre cube.	65 f.	»
D'Is-sur-Tille (Côte-d'Or)	—	45	»
De Tonnerre	—	45	»
De Chevillon (Haute-Marne)	—	60	»
Demi-dures. — Des Echaillons (Talant)	—	27	»
De Larrey (Dijon)	—	31	»
Dures. — De Gevrey et Brochon	—	37	»
De Comblanchien	—	48	»
Chaux grasse	—	15	»
— hydraulique	—	17	»
Ciment. — Ciment de Meurgey, aux Laumes; les 100 kilog.:			
Ciment blanc	—	3	50
Ciment noir	—	6	»
Moellons ordinaires rendus; le mètre cube		4	25
— ordinaires, grosses dimensions, assises réglées; le mètre cube		8	»
Sable ordinaire pur, rendu	le mètre cube.	3	»
— aiguilles	—	3	»
— de Saône	—	3	50
Pierre pilée pour enduits	—	5	»
Tuyaux à emboîtement vernis, de 0m50 de long, pour corps de cheminées :			
De 0m20 de diamètre intérieur; la pièce		2	50
De 0m25 — — —		2	50
Tuyau ou boisseau pour corps de cheminées :			
Longueur, 0m34; largeur, 16 sur 24; la pièce		1	10
— 0m47; — 32 sur 22; —		2	80

Tuyaux à emboîtement pour conduite d'eau, de 0^m50 à 0^m70 de longueur :	
Diamètre, 0^m06; le mètre linéaire	1 f. 10
— 0^m10; —	1 90
— 0^m12; —	2 30
— 0^m16; —	2 60
— 0^m19; —	3 60

TUYAUX DE DRAINAGE

Drainage. — Longueur, 0^m33; diamètre, 0^m03; le mille. .	30 »
— — 0^m04; — . .	40 »
— — 0^m06; — . .	60 »
— — 0^m08; — . .	80 »
— — 0^m10; — . .	90 »
Chaux grasse éteinte, le mètre cube.	13 62
— hydraulique, —	17 12
Mortier. — Chaux grasse éteinte et sable ordinaire; le mètre cube	10 35
Chaux grasse éteinte avec sable de Saône; le mètre cube	10 85
Avec chaux hydraulique et sable ordinaire; le mètre cube	12 60
Avec chaux hydraulique et sable de Saône; le mètre cube	13 10
Les mêmes mortiers, avec chaux hydraulique en poudre.	14 35
Béton. — Avec mortier ordinaire; le mètre cube.	11 80
Avec sable de Saône; —	12 15
Avec chaux hydraulique et sable ordinaire; le mètre cube	12 45
Avec chaux hydraulique et sable de Saône; le mètre cube.	16 30
Enduits. — Pour chape, avec chaux hydraulique; le mètre superficiel	» 65
Pour chape, avec chaux hydraulique en poudre; le mètre superficiel	» 70
— avec mortier et ciment blanc; le mètre superficiel.	1 »

Pour chape, avec mortier et ciment noir; le mètre superficiel	1 f. 25
Tyrolien et lissage au fer, trois couches de pierre polie; en poudre	1 80
Enduit au ciment blanc; le mètre superficiel	2 25
— — noir; — —	2 40
— à mortier ordinaire (dit coupé)	» 50
— à trois couches ou rocaillage en ciment, avec mortier de 0m03 d'épaisseur; le mètre superficiel	3 30
Pour chaque centimètre en plus d'épaisseur, —	1 30
Enduit à grain-d'orge à trois couches	1 20
Cheminée. — Le mètre linéaire de cheminée enduite intérieurement	7 »
Jointoiements en mortier de chaux hydraulique :	
En mortier sur moellons .... le mètre superficiel	» 70
— sur briques .... — —	» 90
— sur moellons piqués, — —	» 80
Avec mortier et ciment sur moellons et briques	1 »
Sur pierre de taille, lavage 50 c., joints en ciment	1 »
Joints, compris dégradation et lissage chaux hydraulique; le mètre linéaire sur moulure ou plan	» 15
En ciment blanc .... le mètre linéaire	» 20
— noir .... — —	» 25
Au mastic Dihl ou Prussien, — —	» 30
En limaille sur dalles .... — —	» 25
En ciment noir, pierre pilée, chaux hydraulique, le tout broyé avec du sérum de lait (petit lait)	» 40
Eclairage. — Dans les fosses d'aisances et pour travaux de nuit, 5 c. par heure et pour chaque lumière	» 05

MAÇONNERIE

PRIX D'EXÉCUTION BASÉS SUR LES SOUS-DÉTAILS CI-APRÈS
LES PRIX SOMMAIRES.

Maçonnerie de moellons ordinaires a sec; le mètre cube. (Dans ce prix, la pierre entre pour 5 fr. 39 c.)	7 47
Avec moellons et mortier ordinaires; le mètre cube.	12 10
— et sable de Saône ... —	12 25
— et sable de campagne. —	10 50
— mortier et ciment blanc. —	15 29

Maçonnerie de briques à plat, ordinaires; le mètre superficiel	4 f. 50
Maçonnerie de briques à plat, avec ciment blanc; le mètre cube	47 30
Maçonnerie. — La même maçonnerie avec ciment noir; le mètre cube	50 30
Avec briques creuses, mortier ordinaire; le mètre cube	46 70
Refouillement de moellons; le mètre cube	10 »
— de briques à la masse et au poinçon; le mètre cube	15 »
Cheminées et tuyaux d'évent et de chute :	
De 0^m20; le mètre linéaire	6 70
De 0^m25; — —	7 90
(Quand ces tuyaux seront engagés dans la maçonnerie, 1 fr. en moins.)	
Tuyaux de cheminées ou boisseaux, de 0^m34 de long sur 0^m24; le mètre linéaire	5 10
Tuyaux de cheminées ou boisseaux, de 0^m47 de long, de 0^m32 sur 0^m22; le mètre linéaire	8 10
(La façon pour pose de tuyau de conduite d'eau varie de 0^m70 à 0^m90 le mètre linéaire.)	

MAÇONNERIE DE PIERRE DE TAILLE

Taille. — Maçonnerie de taille de Saint-Paul, Trois-Châteaux; le mètre cube	77 10
Maçonnerie de taille d'Is-sur-Tille ou de Tonnerre; le mètre cube	64 70
Maçonnerie de taille de Chevillon (Haute-Marne); le mètre cube	83 75
Maçonnerie de Dijon, Echaillons et Talant; le mètre cube	43 38
Maçonnerie de Larrey, 1re qualité. . . le mètre cube.	48 65
— de Gevrey et Brochon . . —	58 80
— de taille de Comblanchien, —	74 »

Parpaings des carrières de Dijon, de 0^m16 d'épaisseur, pa-

rement bouchardé à la fine boucharde, compris lits, joints et queue; le mètre superficiel	12 f.	85
Mêmes parpaings, pierre de Gevrey et de Brochon. .	14	95
Dallage en pierres dures de moins de 0m10 d'épaisseur et au-dessus de 0m05; le mètre superficiel bouchardé.	7	75
Marches.—Le mètre linéaire de marches d'escalier, de seuils piqués entre ciselures, de toute largeur et épaisseur, en pierre dure.	4	75
Taille, croisées et portes. — Le mètre linéaire de taille pour croisées, etc.	6	75
La même taille avec plinthe	7	25
Refouillement dans la taille; le mètre cube.	18	»

TAILLAGE DE LA PIERRE

Taillage. — Le mètre carré de taille unité, fini à la boucharde entre ciselures, sur plan droit, sera payé :

Pierre tendre d'Is-sur-Tille, Larrey, Tonnerre ; le mètre carré.	5	50
— demi-dure de Dijon . . . . le mètre carré.	6	»
— dure de Brochon et Comblanchien. —	7	»

Rustique. — Le mètre carré de taille de parements rustiques ou bouchardés grossièrement entre ciselures, sur plan droit, sera payé 3/4 de taille unité, savoir :

Pierre d'Is-sur-Tille, Larrey, Tonnerre; le mètre carré.	4	10
— demi-dure de Dijon . . . . . . —	4	50
— dure de Brochon, Comblanchien. —	5	25

Piquage. — Le mètre carré de parements piqués sur plan droit, 1/2 taille unité, savoir :

Pierre tendre d'Is-sur-Tille, Larrey, Tonnerre; le mètre carré.	2	75
— demi-dure de Dijon. . . . . . le mètre carré.	3	»
— dure de Brochon, Comblanchien, —	3	50

MOULURES

Taille des moulures. — Taille complète, compris refouillement des épannelages et tous ragréments; le mètre superficiel en taille, 1 1/2 de taille unité. . . 1 1/2

1° La longueur est prise au milieu de la saillie.

2° Profil : chaque face plane au-dessous de 0m05 de hauteur comptera pour 0m05; chaque courbe au-dessous de 0m05 comptera pour 0m10.

Au-dessus de 0m05 on comptera :

Pour les faces planes, le développement réel.

Pour les faces courbes, une fois et demie leur développement.

Pour un angle rentrant, lignes droites ou courbes, 0m20 en plus.

Pour un angle saillant, 0m10 en plus.

Pour un amortissement, 0m05 en plus.

(Même prix pour les vieilles moulures retaillées.)

Plus-value : en talus, 0m05 en plus; circulaire simple, courbure en plus, 1/3.

Circulaire à double courbure, en plus, une unité.

Pavage en pavés. — Le mètre superficiel de pavés ordinaires, avec forme de sable; le tout neuf . . . . . . 3 f. 50

Le mètre superficiel de vieux pavés remaniés et sable. . . . . 1 »

SOUS-DÉTAILS

DE LA MAÇONNERIE PAR MÈTRE CUBE, PAR MÈTRE SUPERFICIEL ET PAR MÈTRE LINÉAIRE.

Chaux grasse. — Un mètre cube de chaux grasse vive en roche donne par extinction 1m50 de chaux en pâte; d'où il suit que 0m67 de chaux vive donnent un mètre de chaux éteinte, par conséquent

que 0m67 × 17 f. 35 =. . . . . 11 f. 62

Main-d'œuvre, faux frais, etc. . . . . 2 »

Prix du mètre cube 13 62

Chaux hydraulique. — Un mètre de chaux hydraulique vive ou en roche donne à l'extinction 1m30 de chaux en pâte; d'où il suit que 0m77 de chaux vive donnent un mètre de chaux en pâte,

par conséquent que 0m77 × 19 fr. 64 =. .	15 f. 12	
Main-d'œuvre, faux frais, etc.	2 »	
Prix du mètre cube.		17 f. 12

Mortier. — Dans la composition du mortier, il entre 0m90 de sable et 0m40 de chaux grasse ou hydraulique.

Maçonnerie de moellons ordinaires avec chaux grasse :

1m10 de moellons, à 4 fr. 90 le mètre cube. .	5 f. 39	
0m28 de mortier n° 1 de chaux grasse, à 10 fr. 35 le mètre cube.	2 89	
6 heures de maçon, à 46 c.	2 76	
3 heures de manœuvre, à 35 c.	1 05	
Prix du mètre cube.		12 10

Maçonnerie de moellons ordinaires avec chaux hydraulique :

1m10 de moellons, à 4 fr. 90 le mètre cube. .	5 f. 39	
0m28 de mortier, à 12 fr. 60	3 52	
6 heures de maçon, à 46 c	2 76	
3 heures de manœuvre, à 35 c.	1 06	
Prix du mètre cube.		12 72

Maçonnerie de moellons ordinaires avec chaux hydraulique en pâte et sable de Saône :

1m10 de moellons, à 4 fr. 90 le mètre cube. .	5 39	
0m28 de mortier, à 13 fr. 10.	3 66	
6 heures de maçon, à 46 c	2 76	
3 heures de manœuvre, à 35 c.	1 05	
Prix du mètre cube.		12 86

Maçonnerie de chaux hydraulique en poudre. — Si la chaux hydraulique est en poudre, le prix du mortier est de 14 fr. 35, et par suite le prix du mètre cube avec les mêmes sous-détails que ci-dessus est de. 13 20

Maçonnerie avec mortier de ciment blanc. — Ordinaire de moellons avec mortier de ciment blanc :

$1^{m}10$ de moellons, à 4 fr. 90 le mètre cube. .	5 f. 39	
$0^{m}28$ de mortier de ciment blanc, à 21 fr. 75.	6 09	
6 heures de maçon, à 46 c.	2 76	
3 heures de manœuvre, à 35 c	1 05	
Prix du mètre cube		15 f. 29

Maçonnerie de moellons avec ciment noir. — Avec mortier de ciment noir :

$1^{m}10$ de moellons, à 4 fr. 90 le mètre cube. .	5 f. 39	
$0^{m}28$ de mortier de ciment noir, à 31 fr. 15. .	8 72	
6 heures de maçon, à 46 c.	2 76	
3 heures de manœuvre, à 35 c.	1 05	
Prix du mètre cube.		17 92

Maçonnerie de moellons d'échantillons, réglés d'assises avec mortier ordinaire :

$1^{m}05$ de moellons, à 9 fr. 25 le mètre cube. .	9 f. 71	
$0^{m}28$ de mortier, à 10 fr. 35.	2 89	
6 heures de maçon, à 46 c	2 76	
3 heures de manœuvre, à 35 c	1 05	
Prix du mètre cube.		16 41

Même maçonnerie que ci-dessus, mais avec mortier de chaux hydraulique :

$1^{m}05$ de moellons, à 9 fr. 25 le mètre cube . .	9 f. 71	
$0^{m}28$ de mortier, à 10 fr. 85.	3 03	
6 heures de maçon, à 46 c.	2 76	
3 heures de manœuvre, à 35 c.	1 05	
Prix du mètre cube.		16 55

Même maçonnerie que ci-dessus, avec mortier de chaux hydraulique en pâte et sable de Saône :

$1^{m}05$ de moellons, à 9 fr. 25 le mètre cube. .	9 f. 71	
$0^{m}28$ de mortier, à 13 fr. 10	3 66	
6 heures de maçon, à 46 c.	2 76	
3 heures de manœuvre, à 35 c	1 05	
Prix du mètre cube.		17 18

Maçonnerie de moellons d'échantillons. — Assises

réglées avec mortier de chaux hydraulique en poudre et sable de Saône :

1m05 de moellons, à 9 fr. 25 c. le mètre cube.	9 f. 71	
0m28 de mortier, à 14 fr. 90 c. —	4 17	
6 heures de maçon, à 46 c.	2 76	
3 heures de manœuvre, à 35 c.	1 05	
Prix du mètre cube.		17 f. 69

Même maçonnerie, mais avec mortier de ciment blanc :

1m05 de moellons, à 9 fr. 25 c. le mètre cube.	9 71	
0m28 de mortier, à 21 fr. 75 c. —	6 09	
6 heures de maçon, à 46 c.	2 76	
3 heures de manœuvre, à 35 c.	1 05	
Prix du mètre cube.		19 61

Même maçonnerie, avec ciment noir. — Avec mortier de ciment noir :

1m05 de moellons, à 9 fr. 25 c. le mètre cube.	9 71	
0m28 de mortier, à 31 fr. 15 c. —	8 72	
6 heures de maçon, à 46 c.	2 76	
3 heures de manœuvre, à 35 c.	1 05	
Prix du mètre cube.		22 24

Plus-value par chaque mètre cube de moellons ordinaires ou d'échantillon :

Pour un mur circulaire ou polygonal de moins de 3 mètres de diamètre ; par mètre cube.	2 »
Pour murs de puits au-dessous de 5 mètres de profondeur ; par mètre cube	6 »
Pour calotte sphérique et travaux semblables	6 »
Pour reprises et remaillement d'ancienne maçonnerie.	1 »
Pour construction sous œuvre avec ou sans étais . .	2 »

Parements vus de moellons d'échantillon à assises réglées simplement, tétués sur toutes les faces ; le mètre superficiel . . . . » 90

Parements de moellons smillés. — Parements vus de moellons smillés en assises réglées, avec ciselure relevée. » 70

Parements vus de moellons smillés en assises réglées, avec ciselure relevée. . . . . 1 f. 50

Parements vus de moellons piqués. — Parement vu avec parement entre ciselure :

Parement vu, 1 mètre à 2 fr. 50 c. = ...	2 f. 50		
Lits et joints, 1m60 à 85 c. = ...	1 36		
Ravalement.	» 34		
Prix du mètre superficiel.	———	4	20

Maçonnerie de briques de Sombernon. — Briques de 0m22 sur 0m11, chaux grasse.

620 briques, compris déchet, à 52 fr. le 1000.	32 24		
0m32 de mortier, à 10 fr. 35 c. le mètre cube.	3 30		
Maçon briquetier, 10 heures, à 46 c.	4 60		
Manœuvre, 10 heures, à 35 c.	3 50		
Prix du mètre cube.	———	43	64

Maçonnerie comme ci-dessus, chaux grasse et sable de Saône :

620 briques de Sombernon, à 52 fr. le 1000. .	32 24		
0m32 de mortier, à 10 fr. 85 c. le mètre cube.	3 47		
Maçon briquetier, 10 heures, à 46 c.	4 60		
Manœuvre, 10 heures, à 35 c.	3 50		
Prix du mètre cube	———	43	81

Maçonnerie comme ci-dessus, avec chaux hydraulique :

620 briques de Sombernon, à 52 fr. le 1000 . .	32 24		
0m32 de mortier, à 12 fr. 60 c. le mètre cube.	4 03		
Maçon briquetier, 10 heures, à 46 c.	4 60		
Manœuvre, 10 heures, à 35 c	3 50		
Prix du mètre cube.	———	44	37

La même maçonnerie, mais avec chaux hydraulique en poudre. 44 55

Maçonnerie semblable, avec ciment blanc :

620 briques, à 52 fr. le 1000.	32 24		
0m32 de mortier, à 21 fr. 75 c. le mètre cube.	6 96		
Maçon briquetier, 10 heures, à 46 c.	4 60		
Manœuvre, 10 heures, à 35 c.	3 50		
Prix du mètre cube.	———	47	30

Maçonnerie comme ci-dessus, avec mortier de ciment noir :

620 briques, à 52 fr. le 1000	32 f. 24	
0m32 de mortier, à 31 fr. 15 c. le mètre cube.	9 96	
Maçon briquetier et manœuvre	8 10	
Prix du mètre cube		50 f. 30

Maçonnerie de briques des Laumes, avec chaux grasse :

620 briques des Laumes, à 55 fr. le 1000 . . .	34 37	
0m32 de mortier, à 10 fr. 35 c. le mètre cube.	3 31	
Maçon briquetier et manœuvre	8 10	
Prix du mètre cube		45 78

Même maçonnerie, avec sable de Saône :

Même détail que ci-dessus; seulement augmentation à cause du sable; le mètre cube	45 95
Avec chaux hydraulique et sable de Saône; le mètre cube	46 50

Maçonnerie de briques de Fénay, avec mortier ordinaire, chaux grasse; le mètre cube 40 05

Avec chaux et sable de Saône; le mètre cube	40 21
Avec chaux hydraulique et sable ordinaire; le mètre cube	40 77
Avec chaux hydraulique et sable de Saône; le mètre cube	40 95
Avec mortier de ciment blanc; le mètre cube	43 70
Avec mortier de ciment noir; —	46 70
Avec briques creuses, mortier ordinaire; le mètre cube	40 05

Plus-value, voûtes. — Les prix précédents du mètre cube de maçonnerie, quand ces maçonneries seront des cloisons ou des voûtes minces dont les épaisseurs ne seront pas supérieures à une largeur de brique, c'est-à-dire à 11 ou 12 centimètres, seront augmentés d'un cinquième en plus, soit pour briques des Laumes, de Sombernon ou de Fénay.

Plus-value sur la maçonnerie. — Pour construction en cercle ou polygone de moins de 3 mètres de diamètre par mètre cube. . . . . 3 »

Pour calottes sphériques; par mètre cube . . . . . . 10 f. »

Pour reprises et remaillements ou rehaussements d'anciennes maçonneries. . . . . 2 »

Pour construction dans les étais et reprises en sous-œuvre . . . . 4 »

Décrottage de briques. — Mille briques de démolition décrottées et rangées, non compris celles qui seront cassées. . . . . 6 »

Refouillement de moellons ou de briques. — Le mètre cube de refouillement à la pointe; le mètre cube. . . . . 10 »

A la masse et au poinçon. . . . . 15 »

CHEMINÉES

(LES VIDES DES CHEMINÉES NE SERONT PAS DÉDUITS DE LA MAÇONNERIE EN GÉNÉRAL.)

Cheminées ou tuyaux d'évent et de chute, de 0m20 :

2 tuyaux de poterie de 0m20, à 2 fr. 30 c. pièce.	4 f 60	
5 kilog. de ciment, à 07 c	» 35	
Crochet à scellement.	» 80	
Façon et pose	» 95	
Prix du mètre linéaire.		6 70

Cheminées ou tuyaux d'évent et de chute, de 0m25 de diamètre :

2 tuyaux en poterie de 0m25, à 2 fr. 90 c. pièce.	5 80	
Fourniture et main-d'œuvre.	2 10	
Prix du mètre linéaire		7 90

Cheminées engagées. — Lorsque les tuyaux seront engagés dans un mur et montés avec lui, les prix seront réduits de 1 fr . . . . 1 »

Tuyaux de cheminées. — Boisseaux de 0m34 de long, de 0m16 sur 0m24 :

1 mètre de boisseau, à 1 fr. 30 c. pièce.	3 f. 82	
5 kilog. de ciment, à 07 c.	» 35	
Main-d'œuvre et pose.	» 95	
Prix du mètre linéaire		5 f. 12

Tuyaux de cheminées. — Boisseaux de 0m47 de long, de 0m32 sur 0m22 :

1 mètre de boisseau, à 32 fr. 20 c. pièce . . .	6 81	
5 kilog. de ciment, à 07 c	» 35	
Main-d'œuvre et pose	» 95	
Prix du mètre linéaire		8 11

Tuyaux pour conduite d'eau. — Le mètre linéaire de

tuyaux de 0m6 de diamètre	1 80	
Main-d'œuvre, pose et fourniture de ciment.	» 70	
		2 »
1 mètre de tuyau de 0m10 de diamètre. . . .	2 20	
Main-d'œuvre, pose et fourniture de ciment.	» 80	
		3 »
1 mètre de tuyau de 0m12 de diamètre	2 60	
Main-d'œuvre, pose et fourniture de ciment.	» 80	
		3 40
1 mètre de tuyau de 0m16 de diamètre	2 90	
Main-d'œuvre, pose, etc	» 90	
		3 80
1 mètre de tuyau de 0m19 de diamètre.	4 20	
Main-d'œuvre, pose et fourniture de ciment.	» 90	
		5 10

Nota. Si les tuyaux sont posés sans ciment, il sera diminué 40 c. par mètre linéaire de tuyau.

Evidements dans la pierre de taille. — Les évidements entre deux ou trois côtés conservés seront comptés au mètre cube :

Dans la pierre tendre	6 »
— de Dijon demi-dure.	10 »
— — dure	15 »

Refouillement dans la pierre de taille. — Les refouillements entre trois, quatre ou cinq côtés seront comptés au mètre cube :

Dans la pierre tendre.		10 f. »
— de Dijon demi-dure		15 »
— — dure		20 »

Recoupe au mètre superficiel :

De pierre tendre		» 60
— demi-dure		1 »
— dure		1 50

Ravalements, ragréments ou tailles diverses évalués en taille unité :

Le mètre superficiel de grattage de pierre de taille d'anciennes façades pour enlever les souillures. .	1/10 unité
Le mètre superficiel comportant une recoupe de 0^m005 environ sur pierres neuves ou sur vieille façade sera compté	8/10 unité

Maçonnerie en pierres de taille de Dijon, Echaillons et Talant :

1^m15 de pierre de taille, déchet compris, à 31 fr. le mètre cube.	35 f. 65	
0^m08 de mortier, à 12 fr. 60 c. le mètre cube.	1 »	
5 heures de maçon pour le bardage et la pose, à 46 c	2 30	
10 heures de bardeur manœuvre, à 35 c. . .	3 50	
2 heures de porte-mortier, à 35 c.	» 70	
Prix du mètre cube.		43 15

Nota. Dans ce prix, comme dans ceux qui suivent pour la pierre de taille, sont compris les échafaudages, treuil, moufles, etc., servant au montage de la pierre.

Maçonnerie en pierre de taille de Larrey :

1^m15 de pierre de taille, déchet compris, à 35 fr. 80 c. le mètre cube	41 17	
0^m08 de mortier, à 12 fr. 60 le mètre cube. .	1 »	
5 heures de maçon pour le bardage et la pose, à 46 c..	2 30	
10 heures de bardeur manœuvre, à 35 c. . .	3 50	
2 heures de porte-mortier, à 35 c.	» 70	
Prix du mètre cube.		48 67

Maçonnerie en pierre de taille de Gevrey et Brochon :

1m20 de pierre de taille, déchet compris, à 42 fr. 75 c. le mètre cube.	51 f. 30	
0m08 de mortier, à 12 fr. 60 c. le mètre cube.	1 »	
5 heures de maçon pour le bardage et la pose, à 46 c.	2 30	
10 heures de bardeur manœuvre, à 35 c.	3 50	
2 heures de porte-mortier, à 35 c.	» 70	
Prix du mètre cube.		58 f. 80

Maçonnerie en pierre de taille de Comblanchien :

1m20 de pierre de taille, déchet compris, à 55 fr. 44 c. le mètre cube	66 52	
0m08 de mortier, à 12 fr. 60 c. le mètre cube.	1 »	
5 heures de maçon pour le bardage et la pose, à 46 c.	2 30	
10 heures de bardeur manœuvre, à 35 c.	3 50	
2 heures de porte-mortier, à 35 c.	» 70	
Prix du mètre cube.		74 02

Maçonnerie en parpaings, au mètre superficiel. — Des carrières de Dijon, de 0m16 d'épaisseur, parement bouchardé à la fine boucharde, compris lits, joints et queue, pose, frais d'échafaudage et d'élévation :

0m160 de pierre, à 35 fr. 80 c. le mètre cube.	5 72	
1 mètre superficiel parement bouchardé, compris lits, joints et queue	7 »	
0m01 de mortier, à 12 fr. 60 c. le mètre cube.	» 13	
Prix du mètre superficiel.		12 85

CHARPENTE

Heure de compagnon		» f.	50
— d'aide manœuvre		»	35
— de scieur de long		»	55
— d'une voiture à un cheval		»	86
Chêne. — Charpente en bois de chêne grossièrement équarri, sans assemblage	le mètre cube.	128	»
Charpente de bois avec assemblage,	—	140	»
— débité à la scie, sans assemblage	—	140	40
— de bois avec assemblage,	—	152	55
— refait et blanchi à vives arêtes	—	157	35
— de bois avec chanfreins	—	162	15
Sapin — Charpente en bois de sapin, sans assemblage	—	75	»
Charpente de bois avec assemblage,	—	85	90
— de bois débité à la scie, sans assemblage	—	81	»
— de bois avec assemblage,	—	92	»
— refait et blanchi à vives arêtes, avec assemblage,	—	96	75
— de bois avec chanfreins	—	101	55
— en vieux bois fourni par le propriétaire; façon	—	14	»
Poitrail en chêne	—	160	»
Chêneaux en chêne, de 0m05 d'épaisseur	le mèt. superfic.	10	»
— en sapin, de 0m05 d'épais.	—	6	»
Plancher en sapin. — Plancher brut en sapin, non gravé	—	3	50
Plancher brut en sapin gravé	—	4	»

Palençons en chêne. . . . . le mèt. superfic. 1 f. 75
— en sapin . . . . — 1 50

Palissades avec palis de 1^m70 de hauteur, espacés de 0^m07 en 0^m07, compris bonshommes; le mètre superfic. 12 »

TRAVAUX DIVERS

Assemblage sur le tas, mortaise; la pièce. . . . . . . » 60
— — tenon . . — . . . . » 50
Buchement sur le tas et dressage de la surface, jusqu'à 0^m03 d'épaisseur; le mètre superficiel. 2 70
Chaque centimètre en plus. . . . . » 30
Coupement sur le tas à la scie :
— de chevrons . . . . » 05
— de solives et sablières. . . . . » 15
— de chevêtres. . . . . » 30
— de poutres . . . . » 45
A l'ébauchoir, le double des prix ci-dessus.
Chantignols ordinaires. . . . . la pièce. » 40
— chantournements à gorge. . . — » 60
Chantournements d'abouts de poutre. . . . — » 60
— de consoles; le mètre linéaire de découpage développé . . . . . . 1 »
Entailles sur le tas pour corbeau, étrier ou pannes. » 30
Fourrures de 0^m05 sur 0^m07, compris pose et clous; le mètre linéaire . . . . » 20
Trous de boulons avec pose des boulons, compris goudronnage; le mètre superficiel. . . . . 1 »
Encastrement de la tête et de l'écrou . . . . » 25

Escalier tout en chêne. — A limon, les marches scellées d'un bout, de 0^m54 d'épaisseur, profilées d'un quart de rond, avec ou sans filet, les contre-marches de 0^m27 (mesures prises en œuvre des murs) :

La marche de 1 mètre d'emmarchement . . . . 15 »
Par décimètre en plus ou en moins. . . . . 1 »
— Marches de 0^m08 et limon en proportion de 0^m45 à 1^m60 . . par marche. 24 »
De 1^m60 à 2 mètres, — 27 »

Plus-value sur les prix ci-dessus :

Pour faux limon au droit des baies, par marche portant dessus . . . . 5 f. »

A crémaillère, marches profilées de 0m54, contre-marches de 0m27, les mesures prises hors œuvre des crémaillères; la marche de 1 m. d'emmarchement. 14 »

Jusqu'à 1m60, augmentation ou diminution par décimètre . . . . 1 »

Escalier tout en chêne. — Plus-value par marche portant sur faux limon au droit des baies 2 50

A limon et crémaillère placée le long du mur; par marche, 2 fr. en plus. . . . . 2 »

Donc, dans le cas de limon . . . . 17 »

Il ne sera pas accordé de plus-value pour la marche palière; les écoinsons seront tolérés pour marches de 0m35 et au-dessus.

Les prix précédents et suivants comprennent toutes fournitures, transport et main-d'œuvre de pose en place.

Les marches peuvent être courbes ou planes; les fourrures pour bâtis, les tringles garantissant les marches durant la construction et les trous de boulons sont également compris dans les prix ci-dessus.

Escalier en sapin. — Marches et contre-marches en sapin, limon en chêne; la marche . . . . 12 »

Rampes à balustres tournés en place, compris main-courante; par balustre. 3 50

La marche d'échelle de meunier de 0m90 :

Tout compris, par marche chêne . . . . 6 »

— — sapin. 4 50

Cintres et couchis en location. — Le prix de location des cintres et couchis pour travaux neufs ou de réparation, pour le 1er trimestre, compris pose, dépose, ferrures, étais, semelles et toutes fournitures, transport et main-d'œuvre, est fixé, par mètre superficiel :

En premier emploi, à		3 f. »
En deuxième emploi, à		1 50
Pour chaque trimestre en plus		» 50

Pour voûtes d'arêtes ou en arc de clôture, le double. (Les voûtes seront mesurées en prenant le développement du cintre seulement, et pour longueur leur plus grande arête.)

Pour des arcs au-dessus de 5 mètres d'ouverture, les cintres et couchis seront payés comme charpente en location.

Cintres sans couchis, tout compris. — Le mètre de développement de cintres sans couchis, mais compris tous les petits bois, tels que potelets, semelles et fermettes, sera payé. . . . . 2 »

Lambrissage en sapin, joints non délignés :

Bois, 0m02 × 75 =	1 f. 50	
Main-d'œuvre	» 40	
Prix du mètre superficiel		1 90
Séparation de cave et grenier, compris lisses, pointes, etc		2 »
Lambris en sapin posés à joints vifs		2 10
— — gravés et rainés		2 40

Endolage de voûte en chêne. — Le mètre superficiel d'endolage de voûte en chêne, lames refendues, de 0m27 d'épaisseur, joints gravés et rainés, compris pose avec échafaudage et toute main-d'œuvre :

Bois, 0m027, à 138 fr. 60 c. le mètre cube	3 f. 74	
Déchet, 1/10	» 37	
Main-d'œuvre, sciage, blanchissage, transport, pose, et toutes fournitures	8 »	
Prix du mètre superficiel		12 11

Feuillures, etc. — Le mètre linéaire de feuillures, de 0m03 sur 0m03. . . . . » 60

Le mètre linéaire à grain d'orge	» 60
— — de chanfrein	» 30

Plus-value pour surfaces circulaires, le double.

Battage de pieux, main-d'œuvre. — Battage de pieux de 0^m25 à 0^m30 de diamètre, compris location, entretien et faux frais d'une sonnette à mouton de 350 kilog.; les pieux battus au refus de 0^m02 par volée de dix coups de mouton, tombant de 2 mètres :

Le mètre linéaire de fiche.	6 f. 50
Le mètre cube des bois mis en œuvre sera payé . . .	115 »

Les échafaudages, planchers, madriers, etc., seront payés au prix des bois en location.

Sciage sur bois dur; le mètre superficiel.	1 30
— sur bois tendre; — —	1 10

Dans ces prix seront compris la découpe au passe-partout et le hlaubotage.

Le mètre cube de peuplier pour bois de charpente et autres, rendu à pied-d'œuvre	45 »
Et avec faux frais et bénéfice	52 »

Clous. — Le kilogramme de clous à brandir en fer forgé, compris faux frais et bénéfice, en œuvre	1 10
Le kilogramme de pointes ordinaires	1 20

Démolition de vieilles charpentes avec ou sans assemblage, compris descente et rangement à 15 m. du bâtiment; le mètre cube.	5 »
Démolition avec emploi de chèvre; le mètre cube. .	7 50
Le mètre superficiel de plancher démoli, descente et dépôt à 15 mètres.	» 35
Le mètre superficiel de démolition de lambrissage, de cloisons avec poteaux, compris rangement à 15 mètres, avec descente.	» 20
Le mètre superficiel de démolition d'endolage de voûte, avec descente et rangement à 15 mètres. .	1 »
Le mètre superficiel de démolition d'endolage de voûte par parties, avec rangement et descente à 15 mètres.	2 »
Le mètre linéaire de pans de bois, poteaux d'huisserie, enlevés et rangés à pied-d'œuvre.	» 20

Charpente de vieux bois fournis par le propriétaire.

Le mètre cube de reconstruction en vieux bois remaniés, repérés, non retaillés et sans assemblage.	6 f.	»
Le mètre cube de vieux bois remanié, repéré, non retaillé, mais assemblé.	7	50
Charpente en vieux bois remanié, repéré, mais avec retaillage et sans assemblage; le mètre cube. . . .	14	»
Charpente en vieux bois remanié, repéré, mais avec retaillage et assemblage; le mètre cube.	17	»
Le mètre linéaire de pans en vieux bois fournis, sans retaillage	»	70
Le mètre linéaire de pans en vieux bois fournis, mais avec retaillage	1	40
Le mètre linéaire de poteaux, sablières, etc., bois fourni, fait pour pan de bois; en place	2	»
Le mètre cube de bois refait sur une ou deux faces; main-d'œuvre, le bois étant fourni :		
Chêne, 5 mètres superficiels, à 1 fr. 40 c.	7	»
Sapin, — — à 1 fr.	5	»
Le mètre cube de bois refait sur trois ou quatre faces :		
Chêne, 10 mètres superficiels, à 1 fr. 40 c.	14	»
Sapin, — — à 1 fr.	10	»

FAÇON AU MÈTRE CUBE

Sous-détails divers pour la façon d'un mètre cube de charpente neuve, main-d'œuvre pour façon, bardage et mise en place.

Chêne. — Charpente en bois de chêne grossièrement équarri, sans assemblage. Façon du mètre cube : 20 heures de charpentier, à 48 c.	9	60
Charpente en bois de chêne grossièrement équarri. Façon du mètre cube : 40 heures de charpentier, à 48 c.	19	20
Charpente en bois de chêne débité à la scie, sans assemblage. Façon du mètre cube : 20 heures de charpentier, à 48 c.	9	60

Charpente en bois de chêne débité à la scie, avec

assemblage. Façon du mètre cube : 40 heures de charpentier, à 48 c. . . . . 19 f. 60

Charpente en bois de chêne refait et blanchi à vives arêtes, avec assemblage. Façon du mètre cube : 50 heures de charpentier, à 48 c. . . . . 24 »

Charpente en bois de chêne refait et blanchi, avec chanfreins. Façon du mètre cube : 60 heures de charpentier, à 48. . . . . 28 80

Façon sapin. — Charpente en bois de sapin grossièrement équarri, sans assemblage. Façon du mètre cube : 20 heures de charpentier, à 48 c. 9 60

Charpente en bois de sapin grossièrement équarri, avec assemblage. Façon du mètre cube : 40 heures de charpentier, à 48 c. 19 20

Charpente en bois de sapin débité à la scie, sans assemblage. Façon du mètre cube : 20 heures de charpentier, à 48 c 9 60

Charpente en bois de sapin débité à la scie, avec assemblage. Façon du mètre cube : 40 heures de charpentier, à 48 c. 19 20

Charpente en bois de sapin refait et blanchi à vives arêtes, avec assemblage. Façon du mètre cube : 50 heures de charpentier, à 48 c. . . . . 24 »

COUVERTURE

SOUS-DÉTAILS, PAR MÈTRE SUPERFICIEL.

Ardoises d'Angers. — Lambrissage, compris clous.	1 f. 50	
Ardoises, 43 à 69 fr. le 1000	2 96	
1 heure 50 de couvreur, à 46 c.	» 69	
Main-d'œuvre de manœuvre.	» 28	
Prix du mètre superficiel.		5 f. 43
Tuiles plates de Fénay, etc. — 65 tuiles, à 39 fr. 10 c. le 1000	2 54	
10 lattes de 1 mètre de long, à 22 c.	» 22	
1 heure 10 de couvreur, à 44 c.	» 48	
1 heure de manœuvre, à 35 c.	» 35	
Prix du mètre superficiel		3 60
Tuiles mécaniques. — Quelle que soit la dimension des tuiles, le mètre superficiel coûtera		3 45
Arêtiers et faîtières; le mètre linéaire		2 »
— — pour tuiles mécaniques		3 60
Ardoises. — Couverture d'ardoises remaniées sans descente; le mètre superficiel.		1 40
Couverture d'ardoises remaniées avec descente; le mètre superficiel		1 60
Tuiles. — Couverture en tuiles remaniées sans descente, lattes fournies; le mètre superficiel.		1 20
Couverture en tuiles remaniées avec descente; le mètre superficiel		1 50
Ardoises. — Couverture en ardoises en recherche, maisons ordinaires; la pièce		» 20
Couverture en ardoises en recherche, mais sur une flèche; la pièce		» 35

Couverture avec forme d'écailles pour pavillon, sans dessin; le mètre superficiel. . . . . 16 f. »

Couverture avec forme d'écailles pour pavillon, avec dessin, losanges, etc.; le mètre superficiel . . . . . 22 »

Tuiles plates et mécaniques. — Tuiles plates en recherche; la pièce. . . . . » 12

Tuiles mécaniques en recherche; la pièce . . . . . . » 57

Tuiles creuses en recherche; la pièce. . . . . » 30

Le 1000 de tuiles creuses coûte 103 50

Le 1000 de tuiles mécaniques grand modèle, à losange, coûte . . . . 184 »

Heure de couvreur . . . . » 45

Heure de manœuvre . . . . » 35

DIVERS

Clous à ardoises, le 1000. . . . . 1 70

Faîtières ordinaires pour tuiles plates. . . . . » 35

— — pour tuiles mécaniques. . . . . . » 60

Une botte de lattes en sapin, de 4 mètres de long. . 4 »

Le mètre linéaire de fourrure . . . . » 20

— — d'avant-lattes . . . . » 60

Le mètre cube de mortier avec ciment rouge. . . . . 15 »

Le tombereau de mortier de couvreur avec ciment rouge, contenant 0m40 cube . . . . 6 »

PLÂTRERIE

DÈTAILS

Heure de plâtrier	»	44
Heure de manœuvre	»	35
Prix d'un double de plâtre	»	60
La boîte de lattes de sapin de quatre mètres	3	90
Le kilogramme de pointes	»	90
Carreaux à six pans; le mille	46	»
— carrés; le mille	46	»
Briques pour cloisons 32 × 15; le mille	38	»
— creuses; le mille	40	»
Ciment blanc; les 100 kilog	5	50
— noir; —	6	»
Le mètre cube de mortier bâtard	17	»
— de plâtre de Paris	60	»

TRAVAUX D'EXÈCUTION

Enduits sur anciens murs ou cloisons, mortier bâtard; le mètre superficiel	»	50
Enduits au plâtre sur ancien enduit; le mètre superficiel	»	50
Enduits aux deux couches, mortier bâtard et plâtre; le mètre superficiel	»	85
Plafond en plâtre gris; le mètre superficiel	1	70
Plafond avec une couche de plâtre blanc	1	90
Cloisons en briques simples avec enduit : 21 briques; le mètre superficiel	2	»
Cloisons doubles : 42 briques; le mètre superficiel.	3	60
Cloisons enduits sur lattes; — —	1	80
Cloisons en briques creuses; — —	2	90

Renformis. — Surcharge et renformis; le mètre superficiel.	» 15
Dressement de murs au repère; quand ce dressement sera fait avec de la brique, il sera compté, le mètre superficiel	1 50
Fait avec de la tuile; le mètre superficiel	1 20
Rumfort de cheminée	8 »
Bandes de trémies en briques doubles; le mètre superficiel	3 »
Chargement de planchers en détritus; le mètre superficiel, tout compris	» 60
Chargement de planchers avec tan; le mètre superficiel, tout compris	» 75
Moulures pour corniches, etc.; le mètre superficiel	4 50

1° Elles seront comptées pour la longueur en la prenant au milieu des membres de moulures; il sera ajouté à la longueur 0m20 par angle rentrant, 0m10 par angle saillant, et 0m05 par amortissement.

2° Pour leur profil, en prenant le développement réel : chaque face plane, au-dessous de 0m05, sera comptée 0m05; chaque moulure courbe, au-dessous de 0m10, sera comptée 0m10.

Plus-value. Les moulures sur plan à simple courbure seront comptées 1m30 de leur longueur, et les moulures sur plan à double courbure seront comptées deux fois leur longueur.

Démolition d'enduit. — Le mètre superficiel de démolition d'enduit, avec grattage de plafond, de cloisons, compris descente des matériaux	» 10
Décrottage de briques; le mille	6 »
Fourrures en sapin; le mètre linéaire	» 30
Plafond. — Repiquage de plafond avec enduit en plâtre, le mètre superficiel	1 25
Réparation de crevasses au plafond; le mètre superficiel	» 15
Lézardes dans les murs; le mètre linéaire	» 10

Carrelage, carreaux à six pans; . . . le mètre superficiel. 3 55
— carreaux carrés, — — 3 »
— en carreaux non fournis, — — 1 20
— en recherche à six pans; le cent . . . . 8 »
— en recherche, carreaux carrés; le cent. . . . . 7 »
— en recherche, sans fourniture de carreaux; le cent . . . . 5 »

Décrottage de carreaux; le cent. . . . . » 50

Contre-cœur de cheminée-carrelage; le mètre superficiel . . . . 6 »

MENUISERIE

Heure de menuisier-parqueteur . . . . » 45

Chêne. — Le mètre cube de chêne de rebut ou dosses. . . . 95 »

Chêne de 1re qualité de 0m054 jusqu'à 0m120 d'épaisseur, pour bâtis, moulures, battant, etc.; le mètre cube . . . . 145 »

Le mètre cube de planches et lambris, depuis 0m012 jusqu'à 0m041 d'épaisseur . . . . 135 »

Sapin. — Le mètre cube de sapin de rebut ou dosses pour remplissage . . . . 55 »

Le mètre cube de sapin d'échantillon, de 0m034 à 0m12 d'épaisseur, pour bâtis et membrures. . . . . . . 80 »

Planches sapin. — Le mètre superficiel de planches ordinaires en sapin, de 0m027 d'épaisseur. . . . . . . 2 »

Le mètre superficiel de lambris renforcés, de 0m018. . 1 60

Le mètre superficiel de lambris minces, de 0m013 d'épaisseur 1 50

Clous épingle; le kilogramme . . . . » 70
— — fins; le kilogramme . . . . 1 »

Le kilogramme de colle forte, 1re qualité. . . . . . 2 »

SOUS-DÉTAILS

Plancher en sapin cloué sur solives en planches entières, à joints plats blanchis sur une face, plancher de 0m027 d'épaisseur :

Détail : planches entières, 1m10, à 2 fr. . . .	2	20		
Façon des joints plats	»	13		
— blanchissage	»	52		
Pose et replanissage.	»	67		
Pointes pour la pose	»	20		
Prix du mètre superficiel.			3	72
Plancher comme le précédent, mais les planches ayant 0m034 d'épaisseur; le mètre superficiel. . . .			4	70
Plancher à rainures et languettes, de 0m027 d'épaisseur; le mètre superficiel.			4	60
Plancher à rainures et languettes, de 0m034 d'épaisseur; le mètre superficiel.			5	60

Parquet sapin. — Parquet lames ayant une longueur uniforme de 0m10 à 0m12, planches de toute longueur; épaisseur, 0m027; le mètre superficiel . . . . 6 »

Parquet avec lames de 2 mètres de largeur, dites à joints rompus 6 80

Parquet avec lames de 2 mètres de largeur, dites à joints rompus, de 0m027 d'épaisseur. 6 95

Par mètre il faut pour 1 fr. 25 c. de lambourdes, de 0m034 d'épaisseur. 7 75

Parquet chêne. — Lames de largeur uniforme de 0m10 à 0m12, de toute longueur, joints croisés; épaisseur, 0m027; le mètre superficiel. . . . . 10 »

Parquet à lames de 2 mètres de longueur, joints rompus . . . . 11 »

Parquet à fougères, 0m027 d'épaisseur; le mètre sup. 12 90

— — 0m034 d'épaisseur; — 14 20

Parquet au point de Hongrie, 0m027 d'épaisseur; le mètre superficiel . . . . 15 »

Parquet à frises de 0m11, à 0m034 d'épaisseur; le mètre superficiel. . . . . 16 »

Parquet à frises de 0m08, 0m027 d'épaisseur; le mètre superficiel	15	50
Parquet à frises de 0m08, à 0m034 d'épaisseur; le mètre superficiel	16	70
Parquet en chêne retourné en tous sens, frises de 0m08 à 0m11, épaisseur 0m027, écartement 0m45 à 0m50; le mètre superficiel	16	50
Même parquet que ci-dessus, avec écartement de 0m35 à 0m45; le mètre superficiel	17	80
Parquet en chêne à compartiments, feuilles ou panneaux de 0m027, bâtis de 0m034	17	»
Même parquet que ci-dessus, de 0m034 à 0m041	18	25

Replanissage. — Parquet en sapin neuf; le mètre superf.	»	40
Parquet en chêne neuf — —	»	50
— en vieux sapin — —	»	45
— en vieux chêne — —	»	65

Cloisons en sapin, planches non délignées, posées sur lisses; le mètre superficiel	2	30
En lambris, deux parements joints dressés; le mètre superficiel	3	30
En lambris, deux parements rainés; le mètre superficiel	4	»
En planches entières, 0m03 d'épaisseur, deux parements joints dressés; le mètre superficiel	4	70
Les mêmes joints rainés; le mètre superficiel	5	40
Cloisons planches refendues en lames; plus-value par mètre superficiel	1	30
Mais si le parement est brut; moins-value	»	60

Portes et trappons de cave en sapin, emboîture en chêne, haut et bas barrés à queue d'aronde, en bas les joints collés avec clef en chêne chevillés à un ou deux vantaux, épaisseur 0m027; le mètre superficiel	6	60
Les mêmes, épaisseur 0m034; le mètre superficiel	7	80

Portes en chêne. — Portes, contrevents, trappons de cave, tout en chêne, de 0m027 d'épaisseur, emboîture haut et bas, joints collés et garnis de clefs

chevillées à un ou deux vantaux; le mètre superficiel.	9	»
Les mêmes, épaisseur 0m034; le mètre superficiel . .	10	50
Contrevents avec brisure; plus-value en sapin.	»	40
— — en chêne	»	55
Sapin. — Tablettes, rayons, appuis de fenêtre, étagères, etc., dressés, deux parements sapin de 0m013 épaisseur; le mètre superficiel.	3	20
Les mêmes, de 0m018 épaisseur; le mètre superficiel.	3	50
— de 0m027 — —	4	»
— de 0m034 — —	4	85
Chêne. — Mêmes objets, mais en chêne, de 0m013; le mètre superficiel.	4	50
Les mêmes, de 0m018 épaisseur; le mètre superficiel.	5	25
— de 0m027 — —	6	60
— de 0m034 — —	7	80
Plus-value pour moulures sur la rive, sapin; le mètre linéaire	»	12
Les mêmes, chêne; le mètre linéaire.	»	16
Chassis vitré en sapin, de 0m027 épaisseur; le mètre sup.	5	40
— — de 0m034 — —	6	»
— en chêne, de 0m027 — —	7	80
— — de 0m034 — —	8	70
— — de 0m041 — —	10	80
— — de 0m054 — petits carreaux.	13	»
Croisées chêne. — Croisées en chêne à gueule de loup, à grands carreaux, jet d'eau et pièce d'appui, bâtis de 0m034, dormant de 0m05 sans imposte; le mètre superficiel.	10	»
Les mêmes, avec imposte ouvrante; le mètre superficiel.	13	»
Les mêmes, avec imposte dormante; le mètre superficiel.	12	»
Les mêmes croisées, le bois ayant une épaisseur de 0m041, avec imposte ouvrante; le mètre superficiel.	14	»
Les mêmes, — dormante; —	13	50

Toute partie cintrée sera comptée carrée, la

longueur de la flèche étant prise en plus-value égale à 1 fois 1/2 de sa longueur réelle.

Les parties cintrées en plan et en profil seront payées le double des prix ci-dessus.

Fenêtres à balcon, chêne, épaisseur comme ci-dessus ; le mètre superficiel	12	»
Impostes dormantes, pleins cintres ou ellipses en chêne, à dessin rayonnant vers le centre, avec jet d'eau bâtis de 0^m04 à 0^m05; le mètre superficiel. . .	16	»
Impostes ouvrantes comme ci-dessus ; le mètre superficiel	20	»

Jalousie d'au moins 1 mètre de largeur, plancher de pavillon de 0^m027, à découpures en sapin et chêne ou fil de fer, tout compris ; le mètre superficiel.	10	60
Si les chaînes sont en rubans; le mètre superficiel. .	10	20
Si les lames sont en chêne ; —	12	60

Persiennes à deux vantaux. — Persiennes en chêne à deux vantaux, bâtis de 0^m034, lames de 0^m12; le mètre superficiel.	12	90
Les mêmes, bâtis de 0^m034, lames de 0^m12 ; le mètre superficiel.	14	»

Persiennes brisées, plus-value sur les prix précédents.

Pour persiennes en chêne brisées par partie de 0^m30 à 0^m40 de largeur, pour se reployer dans les tableaux; soit pour le premier cas, le mètre superficiel. . .	19	»
— le deuxième cas; —	20	»
Persiennes à coulisses; le mètre superficiel.	14	»

Plus-value pour persiennes circulaires, en élévation, tout compris 1 fois 1/2.

La partie cintrée sera comptée comme rectangulaire, et la flèche sera prise égale à 1 fois 1/2 sa longueur réelle en plus-value.

Lambris d'assemblage sans plates-bandes, à glace, bâtis de 0^m027, panneaux de 0^m013, tout sapin brun, par derrière; le mètre superficiel	5	60
Les mêmes, à double parement	6	»

Bâtis chêne et panneaux sapin, bâtis de 0m027, et panneaux de 0m013, brut derrière ; le mètre superficiel.	7	40
Les mêmes, à double parement ; le mètre superficiel.	8	»
Les mêmes, tout chêne, brut derrière ; le mètre superficiel	6	80
Les mêmes, à double parement ; le mètre superficiel.	9	30
Les mêmes de 0m034, panneaux de 0m018, tout sapin, brut par derrière ; le mètre superficiel	6	40
Les mêmes, à double parement ; le mètre superficiel.	6	80
Les mêmes, en chêne brut par derrière ; le mètre superficiel	8	50
Les mêmes, à double parement ; le mètre superficiel.	9	»
Lambris d'assemblage sans plate-bande, bâtis de 0m034, panneaux de 0m013, tout chêne, brut derrière ; le mètre superficiel	10	»
Les mêmes, à double parement ; le mètre superficiel.	10	75
— de 0m041, brut derrière ; —	11	50
— à double parement ; —	12	20
D'assemblage sans plate-bande, arasé, bâtis de 0m041, panneaux de 0m034, panneaux sapin, brut d'un côté ; le mètre superficiel.	10	»
Les mêmes, à double parement ; le mètre superficiel.	10	60
Les mêmes, tout chêne, à double parement (salle des Pas-Perdus du Palais de Justice de Dijon) ; le mètre superficiel	13	»
Portes d'intérieur tout sapin, à panneaux, à double parement ; le mètre superficiel	8	»
Les mêmes, bâtis chêne ; le mètre superficiel.	10	»
— tout chêne ; —	11	50
Porte de placard, arasée sapin ; le mètre superficiel.	6	»
La même, en chêne ; le mètre superficiel	9	30
Portes cochères en chêne avec ou sans guichet, à double parement ; le mètre superficiel.	17	85
Les mêmes, arasées à glace, double parement ; le mètre superficiel.	18	60
Les mêmes, à petits cadres, jusqu'à 0m045 de profil, double parement ; le mètre superficiel	20	»
Les mêmes, à petits cadres, à glace, double parement ; le mètre superficiel.	23	50

Portes cochères à grands cadres, jusqu'à 0m06 de profil ; le mètre superficiel. . . . . 26 »

Les mêmes, avec quatre traverses sur la hauteur soit du bâtis principal, soit du guichet, premier bâtis 0m07 sur 0m20 ; deuxième bâtis de 0m054 sur 0m16, panneaux de 0m034 avec clefs dans les joints ; le mètre superficiel. . . . . 27 »

Les mêmes, avec grands cadres et double parement. 30 »

Portes d'entrée sapin. — Portes d'entrée ordinaires, bâtis de 0m040, panneaux de 0m034, dormant de 0m006, tout sapin. . . . . le mètre sup. 10 »

Les mêmes, à petits cadres à glace, double parement. . . . . — 11 »

Les mêmes, à grands cadres . . . . . — 13 »

— à grands cadres riches. . — 15 »

Portes d'entrée en bâtis de 0m054, panneaux de 0m041, dormant de 0m075 ; bâtis chêne, panneaux sapin à petits cadres, double parement ; le mètre sup. 16 »

Les mêmes, à grand cadre ; — 20 »

Les mêmes, tout chêne, bâtis de 0m054, panneaux de 0m041, dormant de 0m075, à petits cadres, double parement. . . . . le mètre sup. 19 »

Les mêmes, à grands cadres à glace ; — 23 »

Portes charretières sapin. — Portes charretières d'assemblage, panneaux embrevis et clefs dans les joints, les bâtis jusqu'à trois traverses sur la hauteur et écharpes ; bâtis de 0m041, panneaux de 0m027, tout sapin . . . . le mètre sup. 9 »

Les mêmes, bâtis chêne, panneaux sapin ; — 12 »

Les mêmes, tout chêne . . . . — 14 »

Les mêmes, bâtis de 0m054, panneaux de 0m034, tout sapin. . . . . — 10 80

Les mêmes, tout chêne. . . . . — 17 »

Porte charretière avec assemblage, tout chêne . . . . — 22 »

Portail sapin sur bourdonneaux, barres et écharpes assemblées dans le bourdonneau, planches montant du haut en bas, clouées sur barres et écharpes, battements unis sur vantaux :

Bourdonneau de 0^{m}12×0,12, planches de sapin de 0^{m}034	le mètre sup.	8	»
Le même, avec barres et écharpes en chêne	—	10	50
Le même, tout chêne	—	13	»
— avec planches de 0^{m}041, tout sapin	—	9	»
Le même, tout chêne	—	14	»
Le même, avec barres et écharpes en chêne, le reste en sapin	—	11	50
Tasseaux en sapin, jusqu'à 1 mètre de longueur, de 0^{m}027 d'épaisseur sur 0^{m}05 de large	le mèt. lin.	»	30
Les mêmes, de 0^{m}027 à 0^{m}034 d'épaisseur sur 0^{m}05 de large	—	»	35
Les mêmes, de 0^{m}034 à 0^{m}041 d'épaisseur sur 0^{m}05 de large	—	»	40
Les mêmes, de 0^{m}041 à 0^{m}054 d'épaisseur sur 0^{m}05 de large	—	»	54
Les mêmes, de 0^{m}054 à 0^{m}076 d'épaisseur sur 0^{m}05 de large	—	1	04
Les mêmes, chevrons fourrures soliveaux, tringles étrésillons	—	»	35
Les mêmes, de 0^{m}041 d'épaisseur sur 0^{m}10 de large	—	»	66
Echelles pour étagères avec traverses et montants unis	—	»	76
Les mêmes, en chêne	—	1	25
Crémaillères pour placard, en sapin . . .	—	»	55
— — en chêne . . .	—	»	80
Couvre-joints sapin de 0^{m}027 d'épaisseur et 0^{m}05 de largeur moyenne des couvre-joints		»	45
Plinthes ordinaires ajustées et posées, sapin de 0^{m}013 d'épaisseur sur 0^{m}10 de largeur ; le mètre linéaire		»	50
Plinthes de 0^{m}034 d'épaisseur sur 0^{m}10 de largeur ; le mètre linéaire		»	65
Les mêmes, de 0^{m}054 d'épaisseur sur 0^{m}10 de largeur ; le mètre linéaire		»	90
En chêne, de 0^{m}018 d'épaisseur sur 0^{m}10 de largeur ; le mètre linéaire		»	70

Les mêmes, de 0m027 d'épaisseur sur 0m10 de largeur; le mètre linéaire	»	82
Les mêmes, de 0m034 d'épaisseur sur 0m10 de largeur; le mètre linéaire	»	95
Les mêmes, de 0m041 d'épaisseur sur 0m10 de largeur; le mètre linéaire	1	05
Plinthes d'escalier dites crémaillères, suivant les marches droites en plan de 0m012 d'épaisseur sur 0m25 de largeur; le mètre linéaire	1	95
Les mêmes, de 0m018 d'épaisseur sur 0m25 de largeur; le mètre linéaire	2	»
Les mêmes, pour escalier de 0m027 d'épaisseur sur 0m25 de largeur; le mètre linéaire	2	12
Les mêmes, de 0m034 d'épaisseur sur 0m25 de largeur; le mètre linéaire	2	40
Les mêmes, en chêne, de 0m027 d'épaisseur sur 0m25 de largeur; le mètre linéaire	3	»
Les mêmes, de 0m034 d'épaisseur sur 0m25 de largeur; le mètre linéaire	3	40

Cymaises sapin, moulures sapin :

De 0m018 d'épais. jusqu'à 0m05 de larg.; le mètre lin.	»	45
De 0m027 — — — —	»	50
De 0m034 — — — —	»	60
De 0m041 — — — —	»	70
De 0m054 — — — —	»	80

En chêne, à moulures :

De 0m018 dépais. jusqu'à 0m05 de larg.; le mètre lin.	»	60
De 0m027 — — — —	»	70
De 0m034 — — — —	»	85
De 0m041 — — — —	1	»
De 0m054 — — — —	1	20

Alaises et frises de parquet sapin :

Sapin, de 0m027 d'épais. sur 0m10 de largeur; le m. lin.	»	60
— de 0m034 — — — —	»	70
— de 0m041 — — — —	»	95
— de 0m054 — — — —	1	10
Chêne de 0m027 d'épais. sur 0m10 de larg.; le mèt. lin.	1	»
— de 0m034 — — — —	1	10
— de 0m041 — — — —	1	35
— de 0m054 — — — —	1	90

Huisserie sapin :

De 0^{m}027 d'épaisseur sur 0^{m}10 de largeur; le mètre lin.	»	65
De 0^{m}034 — — — —	»	75
De 0^{m}041 — — — —	»	80
De 0^{m}054 — — — —	1	»
De 0^{m}076 — — — —	1	20

Huisserie chêne :

De 0^{m}027 d'épaisseur sur 0^{m}10 de largeur; le mèt. lin.	1	»
De 0^{m}034 — — — —	1	15
De 0^{m}041 — — — —	1	30
De 0^{m}054 — — — —	1	50
De 0^{m}076 — — — —	2	»
Plus-value pour baguettes de congés poussées sur les arêtes; le mètre linéaire	»	10

Bâtis corroyé sapin :

Sapin de 0^{m}027 d'épais. sur 0^{m}10 de larg ; le mèt. lin.	»	50
— de 0^{m}034 — — — —	»	60
— de 0^{m}041 — — — —	»	70
— de 0^{m}054 — — — —	»	80
— de 0^{m}076 — — — —	1	»
Chêne de 0^{m}027 — — — —	»	90
— de 0^{m}034 — — — —	1	»
— de 0^{m}041 — — — —	1	15
— de 0^{m}054 — — — —	1	40
— de 0^{m}076 — — — —	2	»

Baguettes d'angle coupées d'onglet ajustées et posées, sapin de 0^{m}02 de diamètre; le mètre linéaire. . . .	»	40
Demi-baguettes, de 0^{m}02 de diamètre; le mètre lin.	»	30
Fuseaux de baguettes, dit trèfle, de 0^{m}02 × 0^{m}04; le mètre linéaire.	»	70

Cadres sapin figurant panneaux :

De 0^{m}018 d'épaisseur sur 0^{m}10 de largeur; le mèt. lin.	»	80
De 0^{m}027 — — — —	»	90
De 0^{m}034 — — — —	1	05
De 0^{m}041 — — — —	1	20
De 0^{m}054 — — — —	1	45

Cadres chêne :

De 0m018 d'épaisseur sur 0m10 de largeur; le m. lin.					1	10
De 0m027	—	—	—	—	1	40
De 0m034	—	—	—	—	1	50
De 0m041	—	—	—	—	1	80
De 0m054	—	—	—	—	2	20
Pour chaque centimètre en plus de largeur.					»	10

Moulures figurant chambranles sapin, moulures à gorges, corniches, etc., posées :

Sapin de 0m018 d'épais. sur 0m10 de larg.; le m. lin.					»	80
— de 0m027	—	—	—	—	»	90
— de 0m034	—	—	—	—	1	05
— de 0m041	—	—	—	—	1	20
— de 0m054	—	—	—	—	1	30
— de 0m076	—	—	—	—	1	40
Pour chaque centimètre en plus de largeur.					»	10

Moulures chêne :

Chêne de 0m018 d'épais. sur 0m10 de larg.; le m. lin.					1	10
— de 0m027	—	—	—	—	1	20
— de 0m034	—	—	—	—	1	40
— de 0m041	—	—	—	—	1	50
— de 0m054	—	—	—	—	1	95
— de 0m076	—	—	—	—	2	50
Pour chaque centimètre en plus de largeur					»	15

Chambranles sapin avec moulures, chambranles ravalés de moulures avec socle et rainure d'embrèvement :

De 0m027 d'épaisseur sur 0m10 de largeur; le m. lin.					»	90
De 0m034	—	—	—	—	1	15
De 0m041	—	—	—	—	1	35
De 0m054	—	—	—	—	1	60
De 0m076	—	—	—	—	1	90
Pour chaque centimètre en plus de largeur.					»	10

Chêne, les mêmes moulures de chambranle chêne :

De 0m027 d'épaisseur sur 0m10 de largeur; le m. lin.				1	30
De 0m034	—	—	—	1	70
De 0m041	—	—	—	1	90
De 0m054	—	—	—	2	50
De 0m076	—	—	—	3	20
Pour chaque centimètre de largeur en plus.				»	20

Plus-value pour chambranles cintrés, deux fois en sus des prix ci-dessus.

Corniches volantes sapin à trois moulures allégies dans la masse ou embrevées :

De 0m018 d'épaisseur sur 0m10 de largeur; le m. lin.	1	»
De 0m027 — — — —	1	10
De 0m034 — — — —	1	30
De 0m041 — — — —	1	55
De 0m054 — — — —	1	80
De 0m076 — — — —	2	20
Pour chaque centimètre en plus de largeur.	»	15

Mêmes corniches chêne :

De 0m018 d'épaisseur sur 0m10 de largeur; le m. lin.	1	20
De 0m027 — — — —	1	60
De 0m034 — — — —	1	90
De 0m041 — — — —	2	20
De 0m054 — — — —	2	70
De 0m076 — — — —	3	40

Pour les corniches courbes en place, les prix ci-dessus seront doublés.

Main-courante pour escalier. — Le mètre linéaire en chêne ou cerisier, en place et vernie . . . . 8 »

Main-courante en chêne du Nord pour banquette et balcon, en place; le mètre linéaire. 2 70

Blanchissage à la varlope et au rabot sur bois tendre; le mètre superficiel . . . . » 50

Sur bois dur; le mètre superficiel	»	70
Bouton en chêne; la pièce	»	25
Cannelure faite à la gouge; le mètre linéaire..	»	10
Chaufreins; le mètre linéaire.	»	07
Chantournements mesurés suivant le développement du galbe; le mètre linéaire	»	80
Clef chêne; la pièce.	»	50
Denticule, la pièce, jusqu'à 0m05 de longueur :		
Sapin : la pièce.	»	08
Chêne : la pièce	»	18

DIVERS

Jeux de fenêtres et portes.	»	50
Lames de persiennes, en réparation de 0m05 à 0m06 :		
Sapin, la pièce	»	55
Chêne, la pièce.	»	70
Lames de jalousie en réparation, jusqu'à 1m30 :		
Sapin, la pièce	»	60
Chêne, la pièce.	»	80
Patères en noyer ou en chêne, de 0m06 de diamètre; la pièce	»	25
Raclage de parquet vieux; le mètre superficiel. . . .	»	45
Tampon tourné avec moulure pour cuvette des lieux d'aisance :		
Sapin, la pièce.	2	50
Chêne, la pièce.	2	50
Tablettes d'encoignure, compris tasseaux :		
Sapin, la pièce	»	45
Chêne, la pièce	»	60
Tournage d'un pied de bureau en chêne.	1	»
Dépose de croisées, parquets; le mètre superficiel.	»	30
— de portes cochères; —	»	50
Pose et ajustage des tablettes, cloisons, croisées, chassis, persiennes, lambris et portes; le mètre superficiel.	»	80
Pose de portes pleines, volets, emboîtes haut et bas, déchevillés seulement	»	70
Déchevillés, retaillés sur la hauteur, rechevillés et reposés	1	60
Rechevillés, retaillés en tous sens et reposés	2	»
Réparations de parquets sans fourniture	1	50
Repose d'huisserie; le mètre linéaire.	»	30
— de chambranle	1	»
— de corniche volante.	»	50
— d'alaises; le mètre linéaire.	»	30

SERRURERIE

Heure d'ouvrier serrurier. . . . . » 45

Gros fers. — Les gros fers à bâtiments fabriqués avec des fers doux laminés de 1re qualité, tels que tirants, ancres, harpons, chaînages, étriers, bandes de trémiers, manteaux de cheminées, linteaux, plates-bandes, corbeaux, armatures consoles, grands étriers, compris clous, boulons, rivets, vis, main-d'œuvre, transport et pose, le kilog. . . . . » 80

Les mêmes travaux avec fers fournis, le kilog. . . . . » 40

Gros fers pour combles, poutres et planchers. — Le kilog. de gros fers pour combles, poutres et planchers, fers à T, fers zorés, cornières, tôles pudlées, poutres ou poutrelles rivées, poutres à treillis, poutres de la forme à double T en tôle et cornières rivées, poitrails avec ou sans semelle, charpente en tôle et fers cornières, combles et lanterneaux avec fers à vitrage, poutrelles en fer à double T pour planchers, quelles que soient leurs longueur et hauteur, compris équerres et entretoisements, fentons, boulons, vis, rivets, clous, scellements, et tout compris en fer laminé, 1re qualité, le kilog. . . . . » 70

Petits fers à bâtiments ou pour charpentes mixtes. — Les petits fers fabriqués avec des fers doux laminés de 1re qualité, tels que sous-tendeurs, tiges de suspension, fourchettes, mouffles, chapes, petits étriers, liens, plaques d'accouplement, les petites équerres d'assemblage non entaillées de portes ou fenêtres ou de bâtis en bois de fer, petits croisillons pour portes, croisées ou balcons, avec rosaces, les mains-courantes, les petites grilles pour gratte-pieds, regards de canniveaux et larmiers des bâtis pour grillage en fil de fer, etc., compris les boulons et les vis pour assembler les pierres entre elles, tous petits fers apparents des charpentes mixtes, etc., tout compris et pose, le kilog. 1 25

Grosses ferrures à bâtiments. — Les grosses ferrures fabriquées avec des fers doux laminés de 1re qualité, tels que : les fortes pentures, compris gonds à repos, à scellement ou à pointes pour portes charretières, les barres à bascules et leurs crampons, les varvelles et leurs pitons, les gros verroux, les colliers et brides de tuyaux en fonte, simples ou à charnières, les crochets d'échelles, les pentures pour portes de caves avec gonds, les crampons de trapons de caves, les bandes droites ou courbes et leurs gonds pour portes, volets, persiennes à un ou deux vantaux, les goujons, les crampons, les anneaux entaillés, les organeaux, les fortes poignées, les grands étriers avec boulons et broches, les pinces ou leviers avec bout corroyé, les armatures diverses, les grandes équerres et ferrures analogues entaillées ou non, compris les boulons ou les vis nécessaires à l'assemblage ou à la pose, compris toutes fournitures et pose, le kilog. 1 10

Petites ferrures à bâtiments, pentures, verroux, etc. — Les mêmes pentures et ferrures seulement fabriquées avec des fers doux laminés de 1re qualité, fournies et posées dans les mêmes conditions que celles qui précèdent, entaillées ou non, seront payées, lorsque les pièces d'une même ferrure pèseront moins de 2 kilog., compris boulons, vis, etc., le kilog. 1 45

Grosses et petites ferrures soignées, fer forgé et corroyé. — Les grosses et petites ferrures soignées et pièces de sujétion en fer forgé et corroyé de 1re qualité, telles que verroux de barrières, fléaux à bascules, balanciers, pièces ajustées et tournées diverses pour pompes à incendies, pentures doubles de barrières, pentures de portes à bourdonneau circulaire, pivots à équerres à collet renforcé, clefs de bornes-fontaines, pièces forgées avec douilles et toutes pièces analogues exigeant un travail soigné bien parées à la forge et ajustées avec soin, compris boulons, les vis et les scellements, penture au minimum, transport et pose, le kilog. 1 80

Clôture. — Le mètre courant de liston en fil de fer galvanisé n° 20, posé, pour clôture courante, compris fourniture de fil de fer, des crampons, des raidisseurs et des ancres en bois. . . . . » 15

Les raidisseurs et encrage, posés tous les 200 mètres, attachés par des petits crampons aux piquets de bois, sont fournis et posés par le serrurier.

Grillage en fil de fer. — Le mètre superficiel de grillage à mailles de 0m04, indépendamment du bâtis et des accessoires, sera payé. . . . . 4 »

Grillage à mailles au-dessous de 0m04, le mètre superficiel. 4 50

Les petits grillages au-dessous d'un mètre superficiel seront payés un dixième en plus, à moins que les châssis ne soient en bois.

Tôle mince. — Le kilog. de tôle mince de (0m002) deux millimètres au plus d'épaisseur pour plaques, enseignes, écriteaux, panneaux, compris vis, pointes et boulons pour la fixer sur bois, sur fer ou sur tampons, le kilog. 1 40

Grilles au kilog. — Grilles dormantes en fer doux laminé de 1re qualité, en fuseaux ronds ou carrés avec traverses portant trous évidés à froid, avec sommiers, arcs-boutants, y compris le scellement des traverses dans les maçonneries, le kilog. en place. . . . . 1 »

Les mêmes grilles, mais avec traverses à trous renflés, le kilog. 1 40

Les mêmes, ouvrantes, tout compris, le kilog. 1 10

Rampes d'escalier. — Le mètre courant de rampes d'escalier en fer rond de 0m014, à col de cygne, avec rosaces et astragales en zinc, les barreaux espacés de 0m120, pilastres en fer de 0m041 de diamètre moyen ; ou en fonte cannelée, s'il est demandé, avec boule en cuivre tourné, le tout en place, le mètre linéaire. . . . . 22 »

La hauteur des rampes sera de 0m75 à 0m80.

Le mètre courant de rampes d'escalier en fer rond à barreaux droits espacés comme précédemment, à prisonnier de 0m016 de diamètre, avec main-courante en fer rond, le mètre linéaire. . . . . . . 14 »

Fonte et plombs. — Le kilog. de fonte pour conduits, dauphins, plaques de cheminée, de propreté, en place. . . . . » 30

Le kilog. de fonte de 2e fusion, sur modèle, pour consoles de fermes, sabots de poteaux, colonnes creuses, tout posé. » 45

Plomb. — Le kilog. de plomb mis en œuvre pour scellement. . . . . » 90

QUINCAILLERIE

Les prix ci-après des objets de quincaillerie comprennent la fourniture, le repassage, l'ajustage, les vis et la pose, ainsi que 1/20 pour faux-frais, et 1/10 de bénéfice.

Anneaux pour tampons. — Anneaux en fer pour tampons de fosses d'aisances entaillés dans la pierre, renforcés de 0m14 de diamètre moyen, la pièce. . . 4 50

Anneaux en laiton. — Anneaux à vis en laiton, nos 1 à 5, la pièce. . . . . » 10

Anneaux à vis en laiton, nos 6 à 10, la pièce . . . . . » 15

— — 11 à 15, — » 40

Plus-value pour un anneau avec écrou. . . . . » 05

Battements, contrevents et persiennes. — Battement tête élargie en demi-rond, en place avec scellement dans la taille . . . . » 35

Battement droit à deux coudes fixé par des vis au contrevent ou à la persienne . . . . » 55

Becs-de-canne. — Becs-de-canne marque JPM, 1re qualité, à la pièce, toute fourniture et pose comprises.

Bec-de-canne en large de 0m040 à 0m080 sur 0m110 de hauteur, bouton à olive en cuivre et béquille entrée, gâche et vis à bois. 3 15

Bec-de-canne poli de 0m080 de largeur et 0m110 de longueur, pène à 45 degrés, bouton et béquille en cuivre, entrée, gâche et vis à bois. 3 20

Bec-de-canne poli à 32 degrés, de 0m080 de largeur et 0m110 de longueur, bouton à olive et béquille en cuivre, rondelle tournée au foliot, verrou, entrée, gâche et vis à bois. 4 30

1o Pour un rouleau en cuivre ou en acier aux gâches. 1 »

2o Pour boutons doubles en cristal blanc ou de couleur, montés à 6 ou 8 pans, garniture ordinaire avec rosace de 0m045 de diamètre, tige comprise. 2 20

3o Pour un chanfrein de 32 degrés, dorure à un pan. » 85

Béquilles et olives en cuivre. — Béquille à olive en cuivre, sans tige, en place. . . . . » 10

Tige cannée, ajustée . . . . » 40

Tige en fer avec béquille d'un bout à 8 pans, et bouton olive de l'autre. . . . . » 80

Boutons en cuivre à vis. — Boutons en cuivre, à vis, modèle Japy, pose comprise, de 0m016 de diamètre, la pièce. . . . . » 15

Pour chaque millimètre de diamètre en plus de 0m016. » 02

Boutons pour espagnolettes. — Boutons en cuivre pour espagnolettes, modèle Japy, avec clou posé :

De 0m028 de diamètre. . . . . » 35

De 0m045 de diamètre. . . . . » 45

De 0m034 de diamètre. . . . . » 55

Boutons en fonte ornée, en place. . . . . » 50

Boutons à olive en cuivre pour placards. — Boutons à olive en cuivre pour portes de placards ou autres, avec tige, crampon et rosette de $0^{m}040$ à $0^{m}060$ de hauteur de loquet, compris pose, la pièce. . . . . 1 »

Plus-value pour un second bouton à olive, ou d'une béquille montée sur la tige. . . . . » 60

Broches de toute longueur au kilog. — Broches de toute longueur, au-dessous de $0^{m}10$, le kilog. . . . » 90

Broches en fer à brandir les chevrons, de $0^{m}16$ de longueur régulière, les 100 broches. . . . . 7 »

Boulons divers, type Japy. — Boulons de la fabrication Japy ou de fabrication analogue, en fer fin, fournis séparément, posés ou non, de toutes dimensions, à écrou, tête ronde, plate, conique, carrée ou à losange, collet rond ou carré, avec ou sans nerf, écrou carré ou à six pans ; la pièce de $0^{m}005$ à $0^{m}020$ de diamètre, et de $0^{m}030$ de longueur, tête comprise. . » 15

Boulons de $0^{m}005$ à $0^{m}007$ de diamètre, et $0^{m}10$ de longueur. . . . . » 22

Boulons de $0^{m}008$ à $0^{m}010$ de diamètre, et $0^{m}10$ de longueur . . . . » 24

Boulons de $0^{m}110$ à $0^{m}200$ de longueur, $0^{m}008$ à $0^{m}010$ de diamètre . . . . » 32

Boulons de $0^{m}011$ à $0^{m}015$ de diamètre. . . . . » 37

Boulons de $0^{m}016$ à $0^{m}020$ de diamètre, la pièce. . . » 39

Nota. — Les boulons, vis, rivets, faisant partie d'une fourniture de ferrure quelconque, payée au kilog., sont compris dans les prix du kilog. et sont payés à part.

Charnières. — Charnières en fer au bois, 1re qualité, toute fourniture et pose comprise, la pièce. . . . . . .

Charnières fortes en fer fin, longues ou carrées, compris pose et vis, entaillées ou non, type de la maison Japy :

De $0^{m}015$ à $0^{m}035$ de longueur inclusivement, la pièce		»	20
De $0^{m}040$ à $0^{m}055$	— —	»	30
De $0^{m}060$ à $0^{m}080$	— —	»	50
De $0^{m}090$ à $0^{m}120$	— —	»	80
De $0^{m}140$ à $0^{m}160$	— —	1	10

Charnières en laiton. — Charnières fortes en laiton, longues ou carrées, compris pose et vis, entaillées ou non, type de la maison Japy :

De 0m015 à 0m035 de longueur, la pièce	»	30
De 0m040 à 0m055 — —	»	50
De 0m060 à 0m090 — —	1	50
De 0m100 à 0m110 — —	1	70

Les charnières en cuivre fondu seront payées moitié en plus des prix de l'article précédent.

Charnières brisées en fer fin. — Charnières brisées pour volets extérieurs à plusieurs nœuds soudés, de 0m055 de largeur et de 0m40 de branches, et 0m006 d'épaisseur, entaillées, y compris les vis pour la pose. 3 40

Plus ou moins value par mètre courant de branches en sus des premières. . . . . 3 »

Charnières à briquet. — Charnières à briquet de 0m06 de large, 0m20 de longueur et 0m006 d'épaisseur, compris les vis et la pose. . . . . 3 »

Plus ou moins value par mètre courant de branches. 3 50

Clefs de toutes dimensions avec ou sans canon.

1° De coffret, de nécessaire ou de petits cadenas . .	»	25
2° De cadenas de grosseur moyenne.	»	30
3° De pupitre et de tiroir	»	35
4° D'armoire à l'embase en fer	»	50
5° Taillées en Z et C assorties, de 0m11.	»	60
6° — — 0m14.	»	75
7° — — 0m16.	1	»
8° De sûreté Fichet ou à l'anglaise, de 0m14 à 0m16.	1	50

Crémones en fer, demi-rond, de 0m016 de diamètre, garnies de leurs conduits, poignée et culots en fonte ornementée, jusqu'à 2m de longueur, y compris les vis et la pose. 3 »

Chaque mètre de longueur en sus de deux mètres, y compris les tuyaux, sera payé. 1 15

Les mêmes en fer demi-rond, de 0m018 de diamètre, avec garniture en fonte ornementée 3 50

Chaque mètre de longueur en sus des deux premiers	1	25
Les mêmes en fer demi-rond, de 0m020 de diamètre, avec garniture en fonte ornementée	5	30
Plus-value pour chaque mètre de longueur en sus des deux premiers	1	70
Plus-value pour panneton de volet en fer	»	45
Crochet d'armoire plat, posé avec vis et piton, de 0m08 de longueur	»	35
Crochets d'armoire, la pièce de 0m10 à 12	»	40
Crochet rond Japy de 0m16 longueur avec ses deux pitons	»	40
Crochet rond de 0m22 longueur avec ses deux pitons.	»	60
Equerres renforcées, simples, doubles ou à T, de 5 à 10 au kilog.; la pièce	»	83
Fiches à nœuds de 0m110 de hauteur, en fer, à broches et boutons tournés, compris la pose; la pièce	»	40
Les mêmes en fer à broches et boutons tournés, de 0m135 de hauteur, la pièce en place	»	70
Les mêmes de 0m160 de hauteur, la pièce en place	1	20
Lames de fiche, la pièce pour volet, compris l'allongement de la broche pour la recevoir	»	40
Gâches de serrure ou de bec-de-canne, de 0m040 à 0m080 en large, vis comprises; la pièce	»	30
A pointes, la pièce	»	45
A scellement, le pièce	»	80
Les mêmes, de serrure JPM, à la baguette, pour serrure de 0m080 à 0m110 et au-dessus de largeur, à cloisons, de 0m027, compris vis et pose	1	25
Les mêmes, mais à rouleau, id	2	»
Galets en cuivre et fonte, portes roulantes. —		
Galet en fonte à gorge de 0m14 de diamètre avec double platine de 0m04/0m05, petits boulons de 0m08 de diamètre; le tout posé	6	»
Galet en cuivre jaune de 0m025 de diamètre monté sur simple platine de 0m04 sur 0m05 formant di-		

rectrice, fixé à vis sur les bâtis des portes roulantes. 1 20

Loqueteaux de volets, de persiennes, ou de croisées, la pièce, coudé, monté sur platine de 0m054, posé à vis, compris anneau, conduits, fil de fer double de traction et goujon à scellement. . . 1 40

Les mêmes, montés sur platine de 0m07. . . . . . . 1 80

Loqueteau à pompe à coquille, en fonte et ressort à boudin, compris anneau, fil de fer double de traction, conduits et moutonnet à scellement de 0m095 de longueur. 1 25

Le même article que le précédent, mais de 0m11 de longueur. 1 40

Loquet ordinaire, à bouton olive plat, compris crampon et rosette de 0m40 de longueur, pour portes d'appartements. 1 60

Le même, demi-fort avec pène de 0m004/0m025 de large ; la pièce. 1 75

Loquetèau lardé à ressort, compris moutonnet à vis, pour volet intérieur de croisée ; la pièce. . . . . 1 »

Loquet à bascule pour arrêter les grandes portes, de 0m10 à 0m15 de longueur, monté sur platine entaillée et fixée à vis de 0m12/0m08 et de 0m004 d'épaisseur, formant arrête de porte, y compris un moraillon fixé par deux petits boulons de 0m04 à tête fraisée sur le battement de la porte, entaille et pose comprises ; la pièce. . . . . 3 »

Loquet à double bascule monté sur platine de 0m08 de large et 0m20 de longueur, et semblable à celui du numéro précédent, pour arrêter deux vantaux de grande porte ; la pièce. . . . . 5 »

Poignées à pattes posées à vis, de 0m095 de hauteur. . . » 35

— — — de 0m11 — . . . . » 40

— — — de 0m12 à 0m16 — . . . . » 50

Poignée à olive tournante sur platine entaillée, à vis ou à repos, de 0m16 de longueur de platine. . . . » 80

Poignée à olive tournante sur platine entaillée, à vis

ou à repos, de 0m17 à 0m20 de longueur de platine. . . . . » 90

Pattes à pointes. — Patte à pointe et à talon, droite ou coudée, posée avec clous de 0m08 de longueur, pour chambranle. . . . . » 20
La même, de 0m12 de longueur. . . . . » 25
— avec clous de 0m19 de longueur. . . . . . » 35

Pattes à goujon pour dalles, de 0m11 de longueur. . . . » 40
— — de 0m16 — . . . . » 50
— — de 0m19 — . . . . » 60

Pattes à chambranle. — Patte à scellement, droite ou courbée, de 0m11 à 0m14, pour chambranle ; la pièce » 25
La même, de 0m15 à 0m18. . . . . » 35
— de 0m16 à 0m20. . . . . » 40
— scellée dans la pierre dure entaillée, de 0m25 de long. » 80

Pattes à piton. — Patte à piton d'arrêt pour contrevents et persiennes; la pièce, dimension ordinaire. . . . » 30
Le même article, de forte dimension, pour grande porte. . . . . » 50

Paumelles marque J. P. M. — Paumelles première qualité, à nœuds rabotés, bague en cuivre, branche de 0m11 de longueur et 0m05 à 0m06 de largeur, les branches ouvertes entaillées et posées à vis; la pièce. . . . . » 90
Les mêmes paumelles que ci-dessus, mais de 0m14/0m06, posées dans les mêmes conditions. . 1 40
Les mêmes, mais de 0m19/0m08, posées; la pièce. . . 1 80
Paumelles sans marque, de 0m11 de branche. . . . . » 60
— — de 0m14 — . . . . . » 80
— — de 0m16 — . . . . . 1 »
— — de 0m19 — 1 20
— — de 0m22 — 1 40

Toutes les paumelles autres que celles qui viennent d'être spécifiées, de forme et de disposition quelconque, à boule ou non, à simple ou à double nœud, seront payées comme ferrure à fer forgé et ajusté, qu'elles soient ou non polies, au kilogramme et au prix de. 1 80

Plus-value. — Les mêmes paumelles que précédemment, avec bague en cuivre, quelle que soit la saillie du nœud pour rendre le mouvement plus doux, seront payées en plus, la pièce . . . . » 15

Petits bois en fer à moulures.—Le mètre courant de petits bois en fer à moulures pour vitrage, compris pose. . . . . 2 »

Pitons en fer de petites dimensions, de 0m02 à 0m10 de longueur, compris pose. . . . . » 15

Les mêmes, de 0m11 à 0m20 de longueur. . . . . . . » 25

— de 0m21 à 0m30 — . . . . » 40

Porte-manteaux en cuivre orné, vernis et boules en cristal, en place, de 0m147 de hauteur, la pièce. . . . 2 80

Les mêmes, de 0m158 — — . . . . 4 »

— de 0m270 — sans ornement 3 50

— tige simple, ronde, sans ornement, en cuivre poli et boule en cuivre, la p. 1 70

— en fonte, boule en cristal d'un côté et boule en fonte de l'autre, de 0m210, la pièce. 1 60

— en fonte argentine et têtes en fonte. . . 1 70

Plaques en laiton pour inscriptions. — Plaques pleines, ovales ou rectangulaires en laiton, de 0m20 à 0m23 de longueur sur 0m12 à 0m16 de hauteur, inscription non comprise, entaillées sur panneaux et fixées par dix vis en même métal; la pièce. . 3 »

Plaques avec vantail pour boîtes à lettres; la pièce. . 4 50

Ressorts en acier, de 0m16 de longueur, fixés par trois vis, avec leur mantonnet, pour placards. . . . . . . » 75

Ressorts à torsin, en acier limé, trempé, posés avec pattes pour portes battantes; le mètre linéaire. . . 1 75

Rondelles en fer, de $0^{m}02$ à $0^{m}06$ de diamètre extérieur, et de $0^{m}001$ à $0^{m}002$ d'épaisseur. . . . . » 02

Les mêmes, de $0^{m}002$ à $0^{m}008$. . . . . » 05

Râcle-pieds en fer à lames de couteau, scellés dans le mur, de $0^{m}007$ sur $0^{m}008$ de hauteur, et de $0^{m}65$ de développement. 2 50

Serrures marque J. P. M., première qualité, fourniture de clefs, gâches, entrées, vis et pose comprises; la pièce. . . . .

Serrure d'armoire ou de tiroir, tour demi-poussé, de $0^{m}07$; la pièce. 2 60

Même serrure, mais de $0^{m}08$; la pièce. 2 80

Serrure pène dormant, demi-tour en large, de $0^{m}04$ à $0^{m}08$ sur $0^{m}11$ de hauteur; la pièce 5 45

Même serrure, mais avec pêne à 32 degrés et rondelle au foliot. 6 30

Serrure à pène dormant, demi-tour, de $0^{m}08$ sur $0^{m}14$ 5 80

Même serrure, à pène dormant, demi-tour à 32 degrés, de $0^{m}08$ sur $0^{m}14$. 6 10

Même serrure, à pène dormant, demi-tour, rondelle au foliot, de $0^{m}08$ sur $0^{m}14$. 6 30

Même serrure avec verrou. 6 60

Serrure complète à pène dormant, demi-tour à 32 degrés, rondelle au foliot et verrou, de $0^{m}08$ sur $0^{m}14$, et marchant en tirant comme en poussant, de $0^{m}08$ sur $0^{m}14$, double chanfrein en cuivre. . . . . 6 »

Même serrure, avec rondelle au foliot. 6 50

Serrure de sûreté, pousse et tirage, cloison, $0^{m}09$ sur $0^{m}14$, deux clefs. . . . . 9 »

Même serrure, polie à foliot. 10 50

— moirée à six gorges. . . . . 12 »

Simple, tour et demi, pousse, de $0^{m}14$. 4 20

La même, à pène dormant, noir renforcé 5 55

Forte serrure comme la précédente, mais de $0^{m}16$. 5 50

Sonnette de $0^{m}055$ de diamètre, posée, compris ressort et support à point. 2 50

La même, de 0m06 à 0m08 de diamètre.	3 »
— de 0m09 à 0m11 —	4 »
Coulisseau en cuivre. — Chaque coulisseau en cuivre de 0m10 de largeur, sur platine de même métal. .	1 50
Mouvement de sonnette en cuivre renforcé à pointe, posé	» 70
Conduit pour tirage, en fort fil de fer ; le mètre courant, en place.	» 10
Le mètre courant de fil de fer de 0m0015, recuit. . .	» 05
Trou foré. — Le mètre courant de trou foré, dans un mur en pierres ou en briques, pour le passage d'un fil de tirage, compris raccord.	3 »
Trou foré dans le bois ; le mètre courant sera payé.	» 75
Tuyau. — Le mètre linéaire de tuyau en ferblanc pour garniture de trou ou fixé sur mur.	» 65
Mouvement de store complet pour un store américain ou ordinaire, quelle que soit la largeur de la croisée, sauf la toile, compris rouleau, poulie, haut et bas, cordes, pattes à scellement, clouage de la toile, baguette dans le bas, en place.	10 »
Targettes platine noire, de 0m04 de largeur de platine; la pièce.	» 50
Les mêmes, de 0m05 de largeur.	» 60
— de 0m06 —	» 70
— de 0m07 ou 0m08 de largeur.	» 90
Plus-value — Une plus-value de 25 c. sera allouée sur chacun des prix qui précèdent lorsqu'il sera demandé des targettes renforcées.	» 25
Targettes renforcées à platine et bouton, à gorge à embase poli, de 0m05 de large à la platine.	1 50
Les mêmes, mais de 0m07 ou de 0m08.	1 80

Targettes en cuivre poli avec gâches à pattes, platine fixée à vis et bouton tourné, de 0m04 ou 0m05. .	1	20
Les mêmes, de 0m06 à 0m07 de largeur de platine .	1	50
Verroux un quart placard, à ressort, avec tige demi-ronde, compris conduits à pattes, bouton tourné à patère, gâche ou crampons fixés à vis et pène de 0m018 à 0m020, pour portes extérieures, sur 0m50 de hauteur ; la pièce.	1	50
Chaque décimètre de hauteur en plus.	»	15
Les mêmes à pène de 0m023 à 0m025, même hauteur	1	70
Chaque décimètre de hauteur en plus.	»	20
Verrou trois quarts placards, pose comme ci-dessus, pène de 0m028 à 0m030 sur 0,50 de hauteur. . . .	2	»
Chaque décimètre de hauteur en plus.	»	25
Verrou à ressort placard, pène de 0m031 à 0m035, compris accessoires et pose, de 0m50 de hauteur.	2	20
Chaque décimètre de hauteur en plus.	»	30
Verroux à coquille en cuivre, montés sur platine, entaillés en feuillure, compris gâche et pose, platine de 0m014 à 0m020 de largeur sur 0m22 de longueur ; la pièce.	2	»
Chaque décimètre de longueur en plus.	»	20
Les mêmes, platine de 0m022 à 0m030 de largeur, et 0m22 de longueur; la pièce.	2	25
Chaque décimètre de longueur en plus.	»	25
Les mêmes, marque S. T., ou de marques équivalentes, à tige demi-ronde avec bouton en cuivre, boîte en fonte et gâche no 1, de 0m30 de longueur.	3	20
Chaque décimètre de longueur en plus.	»	20
Les mêmes, mais avec boîte, conduit et gâche en cuivre no 1, de 0m30 de longueur.	4	80
Chaque décimètre de longueur en plus.	»	20
Verrouillet de 0m04 entaillé, en fer bronzé, à bouton de coulisse, gâche ordinaire avec ressort, compris vis et pose ; la pièce.	»	90
Chaque centimètre de longueur en plus.	»	05
Vasistas en fer rainé de 0m009, assemblé et posé, tout compris ; le mètre linéaire développé.	3	50

Vis à bois à tête ronde, plate ou carrée, de 0^m03 à 0^m05 de longueur; la pièce. . . . . » 06
Les mêmes, de 0^m06 à 0^m08 de longueur. . . . . . . » 12
Vis à bois ou tire-fonds, de 0^m09 à 0^m10 de long. . » 17

Crochetage d'une serrure ordinaire à un ou deux pênes. . » 25
— de sûreté. . . . . » 50

Dépose d'anciennes pièces de serrurerie : d'un bec-de-canne entaillé ou d'une serrure d'armoire ou de placard » 15
Dépose d'une serrure ordinaire à un seul pêne. . . . » 20
— — à pêne dormant ou de sûreté, à demi-tour ou tour et demi. . . . . » 25
Dépose d'une charnière. . . . . » 10
— d'une équerre. . . . . » 10
— d'une crémone ou d'une espagnolette. . . . » 20
— d'une fiche. . . . . » 15
— des deux branches d'une paumelle. . . . . » 15
— d'un verrou avec ou sans ressort. . . . . . . » 15
— d'une penture de porte entaillée. . . . . . . » 20
— d'un loquet ou loqueteau. . . . . » 10

Quand les pièces ci-dessus seront emportées à l'atelier pour être graissées et réparées, sans pièces neuves, les prix seront triplés.

Repose d'anciennes pièces : d'un bec-de-canne entaillé ou d'une serrure d'armoire ou de placard. . . . . . » 80
Repose d'une serrure ordinaire à un seul pêne. . . 1 »
— — à pêne dormant ou de sûreté, à demi-tour ou tour et demi. 1 50
Repose d'une charnière. . . . . » 30
— d'une équerre. . . . . » 30
— d'une crémone et d'une espagnolette. . . . 1 »
— d'une flèche. . . . . » 25
— des deux branches d'une paumelle. . . . . » 45
— d'un verrou avec ou sans ressort. . . . . . . » 35
— d'une penture de porte entaillée. . . . . . . » 45
— d'un loquet ou loqueteau. . . . . » 30

Clef. — Dressage d'une clef. . . . . » 25
Dépose des ferrures d'un trappon. . . . . » 60

Repose des mêmes ferrures en place, neuves, avec restauration ou addition de boulons . . . . » 60

Targette. — Dépose d'une targette. . . . . » 10
Repose — . . . . » 30
Dépose et repose d'une gâche avec coup de lime. . . » 75
— — d'une entrée en fer. . . . . » 25
Entrée neuve en fer remplaçant une ancienne. . . . » 50
Plaque en tôle fermant la place d'anciennes entrées. » 35
Fourniture et pose d'une goupille aux boutons de becs-de-canne. » 10
Fourniture et pose de fortes goupilles de 0m006. . . » 20
— — de broches ou clavettes au-dessus de 0m010 de section, et de moins de 0m12 de long. » 50
Relèvement de petites rondelles en cuivre pour les portes traînantes; par rondelle, en place. . . . . . » 15

Scellements et tampons, pour pattes diverses, refaits à nouveau. . . . . » 50
Pose de simples tampons. . . . . » 25

Soudures et brasures. — Soudures de fers ronds, carrés ou plats, suivant le contour ou développement de la section de ces fers :
De 0m02 à 0m06 de contour. . . . . » 75
De 0m06 à 1m — 1 60
De 1m à 1m50 — 2 40

Soudures et brasures de 1m50 à 2m 20
Appointage de pic ou de pioche. 25
Mises d'acier à une pointe ou panne de pic ou de pioche . . . . » 75
Brasure d'une tige de clef . . . . » 30
— d'anneau de clef. . . . . » 50

Taraudages de boulons ou tiges diverses de toutes dimensions, jusqu'à 0m030 de diamètre maximum; le mètre linéaire. . . . . 3 »

PEINTURE ET VITRERIE

Heure d'un ouvrier peintre.	»	44
— — en ouvrage de décors.	»	46
Les heures de nuit seront payées 1/3 en plus.		
Epoussetage et égrenage, le mètre superficiel.	»	03
Grattage des murs, plafonds et bois unis	»	10
— avec passage au grès pour des carreaux	»	15
Lessivage. — Le lessivage à l'eau seconde pour repeindre ou pour conserver; compris époussetage, le m. sup.	»	10
Lavage à l'eau de parquets et carrelages, etc., le m. sup.	»	05
— — des fenêtres, persiennes, menuiserie, id.	»	10
Arrachage de vieux papiers ou toiles, le mètre sup.	»	05
— Compris grattage, le mètre sup.	»	12
Brûlage à l'essence d'anciennes peintures avec grattage à vif et dégorgement de moulures au fer, compris lessivage, le mètre sup.	1	50
Ponçage à sec, au papier de verre, sur un mur ou bois, le mètre sup.	»	12
— à l'eau sur parties unies, le mètre sup.	1	»
— — sur moulures —	2	»
Rebouchage au mastic à l'huile, teinté, le mètre sup.	»	15
Enduit au mastic, compris ponçage sur parties unies, le m. s.	»	25
— — — sur parties moulurées —	»	35

Badigeon à la chaux et à l'alun, 1re couche, le m. sup. .	»	07
— — — chaque couche en plus.	»	05
— à la colle pour blanc, 1re couche dite d'encollage.	»	10
— — — chaque couche en plus.	»	06
— — — sur mur, 1re couche. . .	»	08
— — — chaque couche en plus.	»	06
Détrempe pour travaux soignés. — Détrempe blanc mat, 1re couche	»	15
— blanc mat, chaque couche en plus.	»	10
— avec couleurs fines (vert fixe, vermillon), 1re couche.	»	20
— chaque couche en plus.	»	15
— chiqueté (fonds non compris) par chaque ton.	»	20
— veinage sur chiqueté (fonds non compris)	»	25
— granit, par chaque jetée	»	10
— marbres, fonds compris.	1	50
Huile bouillante. — 1re couche, le m. sup.	»	40
— 2e couche —	»	70
— chaque couche en sus.	»	20
Peinture à l'huile sur bois, murs et plâtres, compris rebouchage et époussetage : 1re couche d'impression. . . .	»	40
— 2e — — . . .	»	70
— 3e — — . . .	1	»
— chaque couche en plus. . . .	»	25

Pour les travaux sur vieux plâtres ou bois, les prix ci-dessus seront alloués en y ajoutant les prix de ponçage, lessivage, etc., suivant les cas.

Plus-value pour rechampissage pour chaque ton. — Il sera alloué une plus-value de rechampissage de » 15 par mètre superficiel et par chaque ton.

La peinture à deux tons donne pour 2 couches. .	»	85
— — pour 3 couches. .	1	15

Il sera alloué une plus-value de » 20 par couche et pour les deux dernières couches seulement, pour emploi des couleurs fines, tons vert, bronze, brun, bleu d'armoise, olive.

Glacis sur vieilles peintures en marbre ou bois, ou pour raviver d'anciens décors, le m. sup.	»	30
Noir pour tables, meubles.— Noir au vernis, 1 couche, le m. s.	»	50
— — chaque couche en plus	»	40
Minium ou oxyde de plomb. — Plus-value sur les peintures à l'huile par couche et par mètre superficiel.	»	05
Première couche à l'huile froide.—Sur plâtres neufs ou murs neufs, il sera alloué par mètre superficiel, pour tenir compte d'une première couche à l'huile à froid, s'il est nécessaire	»	30

Ouvrages au vernis et à l'encaustique.

Vernis gras pour décors, 1 couche	»	45
— — chaque couche en plus	»	40
— gras surfin 1 couche	»	60
— — 2 couches	1	»
Encaustique à l'essence et à la cire sur bois naturel ou sur peinture imitation de bois et marbre, et frottage, le mètre superficiel	»	80
Carrelage mis en couleur, 1 couche, le m. sup.	»	30
— — 2 couches —	»	50
Parquets, carreaux huilés, 1 couche —	»	50
— — 2 couches —	»	80
— mis à l'encaustique —	»	50
— seulement frottés —	»	20
— au siccatif brillant, 1 couche —	»	40
— — 2 couches —	»	75
Dépolissage de carreaux de verre, à l'huile et au tampon, le m. sup.	1	»
— à l'émeri, le m. sup	3	50
Goudronnage au goudron végétal, 1 couche	»	30
Chaque couche en plus	»	20

Ouvrages de décors au mètre superficiel.

Pierres (imitation). — Coupe de pierres avec frottis sur fonds à 3 couches, à 1 filet, le m. sup.	1	80
— à 2 filets —	2	»
— à 3 filets —	2	20
Imitation briques sur fonds à l'huile, à 3 couches, avec filets et frottis, le m. sup.	2	50
Granit ordinaire, non compris fonds, par jetée.	»	12
— chiqueté — par chaque ton.	»	30
Bronze antique ou cuivre à listel sur fond à l'huile et une couche de vernis gras, compris ponçage, fond à 1 couche, le m. sup.	2	»
2 couches —	2	50
— en plein sur mixtion, fond à 1 couche, le m. sup.	3	»
— mis à listel, fond à 2 couches, —	4	»
Bois et marbre, imitation de toute nature sur fond à l'huile, glacée et une couche de vernis gras, le m. sup., 1 couche.	2	»
— 2 couches.	2	50
Coutil ordinaire sur fond à l'huile, 3 couches.	3	»

Observations. — Pour les bronzes, bois et marbres, on appliquera au moins 2 couches sur travaux neufs et une couche sur les surfaces déjà peintes.

Le ponçage est compris dans les prix ci-dessus.

Même observation pour murs et plâtres neufs.

Ouvrages au mètre linéaire.

Plinthes et cymaises de 0m15, à l'huile, 1 couche, le m. l.	»	10
— — chaque couche en plus.	»	05
— — marbre de toutes couleurs sur fond à l'huile, une couche de vernis.	»	20
— — vernies, par couche.	»	15

Filets et galons. — Filets secs pour joints à l'huile. . . .	»	05
repiqués pour table, adoucis à l'huile.	»	15
formant fausses moulures ombrées. .	»	20
Galons de toutes couleurs jusqu'à 0m08 de large, à l'huile, une couche. . .	»	15
par centimètre en plus	»	01
Plus-value pour filets droits sur plafonds, 1/4 en plus.		
— pour filets circulaires sur marbre, 1/2 en plus.		
Barreaux et petits bois en fer, jusqu'à 0m14 de développement, à l'huile, une couche, le mètre linéaire.	»	05
chaque couche en plus, —	»	05
en noir au vernis, tout compris, —	»	12
en bronze à listel, vernis sur fond à l'huile, le m. l.	»	20
— en bronze en plein, sur mixtion, le m. lin.	»	25
Moulures au mètre linéaire. — En blanc d'argent ou autres tons, une couche.	»	10
— chaque couche en plus	»	10
Anglaises de toutes couleurs, en plaque de propreté, au vernis	»	15
Pièces de ferrures, compris emploi de minium. — En gris, brun, vert, etc., à l'huile, le mèt. lin.	»	05
— en noir au vernis, —	»	05
— bronzées et vernies, —	»	10
Cheminées, travaux divers. — Contre-cœur de cheminée à la mine de plomb.	»	30
Contre-cœur de cheminée peint, ton uni	1	50
Cheminées bronzées et vernies, marbrées	4	»
Chambranle de cheminée nettoyé	»	30
— — encaustiqué.	»	50
Rideau de cheminée frotté à la mine de plomb	»	20
Dépose. — Persiennes, vasistas, châssis, etc., pour dépose, descente, montage et repose, la pièce.	»	30
Lettres, la pièce. — Lettres anglaises, romaines, ordinaires, jusqu'à 0m20.	»	10

Lettres de 0^m20 à 0^m40	»	20
— de 0^m40 à 0^m50	»	50
— de 0^m50 et au-dessus	»	70
— façon gothique, renaissance, etc., ombrées, sculptées, deux couches, moitié en plus des prix ci-dessus.		
— de toutes couleurs, en relief, le centimètre	»	04
— dorées jusqu'à 0^m15, prix du centimètre	»	06
— — de 0^m16 à 0^m31, —	»	07
— — de 0^m32 à 0^m41, —	»	10
— — et ombrées, 1/3 en plus des prix ci-dessus.		
— bronzées, ombrées et éclairées, le centimètre	»	02
— — ombrées, éclairées et repiquées, le centim.	»	03
— — ombrées, enlevées d'épaisseur, —	»	04
Echafaudages volants au-dessus de 4 mètres, le mèt. cour.	1	»
— par jour et par mèt. courant	»	30
Mastic. — Le kilogramme de mastic à l'huile de lin, blanc de zinc ou céruse, ou rebouchage	1	»
Collage de papier. — Tenture ordinaire, le mèt. sup.	»	15
— velouté ou doré —	»	20
Plus-value pour collage sur plafond —	»	05
— de bordures quelconques, le mèt. linéaire	»	05
Découpage de bordure en feston, le mèt. lin.	»	05
— — des deux côtés	»	10
Papier ordinaire, le mètre superficiel. — Gris, en place sur mur ou toile	»	25
— gris en place sur plafond toile	»	27
— gris bulle sur toile	»	28
— gris bleu, dans les armoires	»	30
Toile, le mètre superficiel. — Toile neuve, compris marouflage, couture et pose	»	80
— vieille détendue, retendue, recousue, rabouée et marouflée	»	30
— neuve de choix pour décoration, fournie et tendue avec toute préparation, le mèt. sup.	2	»
— vieille, comme ci-dessus	»	60

Encollage des murs avant la pose, le mèt. sup. . . . . . . » 05

Bandes de toile fournies et collées pour charnières, le m. l. » 30
— de zinc n° 12 pour couvre-joints, jusqu'à 0m04 de large, clouées sur la rive des portes avec clous de zinc ou cuivre, le mèt. lin. . . . . » 40
Dépose, redressage, repose, le mèt. lin. . . . . . . » 20

Dorure.

Dorure, compris apprêts. — Dorure à l'huile, parties unies, le mèt. sup. . . . . » 35
— à l'huile sur parties sculptées, le mèt. sup . . . . . » 44
— à l'eau mate, parties unies — . . . . . » 60
— — parties sculptées — . . . . . » 70
— à l'eau brunie, parties unies — . . . . . » 70
— — parties sculptées — . . . . . » 90
— en cuivre, parties unies — . . . . . » 12
— — parties sculptées — . . . . . » 18
L'heure du vitrier. . . . . » 44

Mastic. — Le kilog de mastic sera payé. . . . . » 90

Clous. — Le kilog de clous, 4,720 au kil. 1 50

Verres simples du Nord. — Le mètre superficiel de vitrerie en verres simples du Nord pesant 4 kilogrammes par mètre superficiel pour travaux neufs et dans les 12 mesures du commerce des dimensions suivantes ou au-dessous, 0m69 × 0m66 — 0m75 × 0m60 — 0m87 × 0m54 — 0m96 × 0m48 — 1m08 × 0m42 — 1m20 × 0m36 — 0m72 × 0m63 — 0m81 × 0m57 — 0m90 × 0m51 — 1m02 × 0m45 — 1m14 × 0m39 — 1m26 × 0m33, sera payé 4 50
Les mêmes verres en réparation 5 50
— hors mesures, le mèt. sup. . . . 8 »
— en réparation — . . . . 9 »
— demi-doubles, le mèt. sup. dans les mesures du commerce ci-dessus.. . . . . 6 »
— demi-doubles en réparation, le mèt. sup. . . . . . 7 »
— — hors mesures, travaux neufs, le m. sup. 10 50

Verres demi-doubles hors mesures en réparation.	11	50
— doubles, dans les mesures du commerce, le m. sup.	8	»
— — en réparation —	9	»
— — hors mesures, travaux neufs —	14	»
— — — en réparation —	15	»
— mousseline pour travaux neufs, mesures du commerce, le mèt. sup.	12	»
— mousseline pour travaux en réparation, le m. sup.	13	»
Panneaux verre et plomb. — Travaux neufs, le m. sup. .	10	»
— — — en rép. — . .	13	»
Verres dépolis ou cannelés. — Travaux neufs — . .	8	»
— — — en rép. — . .	9	»
Dalles-vitres en verre. — Le kilogramme, mis en place. .	1	50
Dépose de verre avec enlèvement des mastics, le m. sup. .	»	40
Repose, toutes fournitures comprises — . .	2	30
— pour verre hors mesures — . .	3	»
Le même déposé, reposé, fouillures nettoyées . . .	»	70
Mastic. — Le mèt. lin. de démasticage, remasticage, peinture des petits bois avec risques de la casse, le m. l.	»	15

FERBLANTERIE

ZINGUERIE ET PLOMBERIE

L'heure de ferblantier ou zingueur sera payée. . . » 46

Fournitures sans main-d'œuvre. — Zinc, les 100 kil. à pied-d'œuvre. . . . . 81 »
Soudure 0,6 de plomb et 0,4 d'étain, le kil. 2 10
Plomb, les 100 kil. 75 »

Ferblanc. — Le mètre carré de ferblanc double-croix pour chéneaux, bavettes, arêtiers, noues, faîtage, compris toutes fournitures et pose, le mètre carré. . . 12 »

Zinc n° 12 pour couvertures, bavettes, noues, arêtiers, faîtage, chéneaux, comprenant montage et pose des feuilles à dilatation libre, compris toutes fournitures et soudures, coupes biaises, clous, vis, pattes, gaînes, agrafes, etc., mesure en œuvre, le mèt. sup. 6 40
— n° 13. — Comme ci-dessus, le mèt. sup. 7 30
— n° 14. — — — 8 40
— n° 14. — Ondulé, continu, mis en place pour couvertures; pour toutes fournitures et main-d'œuvre, les feuilles se recouvrant de 0m12, mesure en œuvre, sans tenir compte des ondulations ni du recouvrement, le mèt. sup. 8 80
— n° 12. — En bandes pour recouvrement d'appui, de bandeaux, d'attiques, d'entablements, pour toutes façons, fournitures, coupes et pose, compris ourlets, gaînes, pattes, vis en fer galvanisé, soudures et remplissage de joints.

Bandes jusqu'à 0m15 la largeur, le mèt. lin.	2	»
— de 0m15 jusqu'à 0m25 —	2	50
— de 0m25 — 0m50 —	3	50
Noquets en zinc ou ferblanc, la pièce.	»	40
Tasseaux en sapin, le mèt. lin., compris pose, de 0m027. .	»	30
— — — — 0m04. . .	»	40
— — — — 0m05. . .	»	50
Découverture en zinc ou en ferblanc, compris rangement,		
avec devoligeage.	»	15
sans devoligeage.	»	10
Ouvrages en plomb, comme chéneaux, bavettes, arêtiers, noquets, etc., compris pose et toute fourniture.		
Le kilog. de plomb en œuvre	1	20
Découverture en plomb; le mètre superficiel	»	15
Tuyaux de descente de 0m08 de diamètre, zinc n° 12 ou n° 13, ou gouttières de 0m25 de développement, compris crochet ou collier à pointe, façon et pose, compris soudure et peinture	2	60
Zinc de 0m10 de diamètre ou gouttières de 0m30 de développement; le mètre linéaire.	2	80
PLUS-VALUE. — Chaque coude, embranchement de tuyaux, fonds et équerres de gouttières, sera compté comme 0m20 de tuyaux.		
Tuyaux en ferblanc. — Feuilles en long.	3	»
Feuilles en travers.	3	50
Tuyaux en zinc ou ferblanc en réparation, au mèt. lin.		
Pour nettoyage et redressage sur place, —	»	10
Pour dépose, compris dépose des crochets ou colliers, descente et rangement; le mètre linéaire. .	»	15
Pour dépose et repose, redressage des colliers; le mètre linéaire.	»	40
Pour dépose et repose, redressage complet et soudures nécessaires; le mètre linéaire.	»	70

Plus-value sur les deux derniers prix ci-dessus, dans le cas de peinture ; le mètre linéaire . . . . » 30

Peinture de tuyaux et chanlattes. — Le mètre lin. de peinture en réparation. . . . . » 30

Agrafes pour les tuyaux s'attachant au collier; la pièce . . . . » 20

Soudures au mètre linéaire sur zinc, plomb, ferblanc, de 3 cent. de large sur 3 millim. d'épaisseur 2 20

Soudures au-dessous de 0m30 de longueur; la pièce. » 50

Soudures au-dessous de 0m30 de longueur, avec bandelette de zinc recouvrant la fissure ; la pièce. . » 80

Point de soudure au-dessous de 0m10 de longueur; la pièce . . . . » 20

Crochets pour chanlattes ou tuyaux de descente . . . . . . » 25

Colliers pour tuyaux de descente; la pièce. . . . . » 50

Nota. — Les prix des crochets et colliers comprennent la fourniture et la pose en place, et la peinture au minium.

Poids du mètre carré de zinc :

N° 12	= 4 kil 65	épaisseur	0m00069.
N° 13	= 5 — 30	—	0m00078.
N° 14	= 5 — 95	—	0m00087.
N° 15	= 6 — 55	—	0m00096.
N° 16	= 7 — 50	—	0m00110.

Couverture à délation libre de Georges Schæffer, pour panneaux, avec coulisseaux et gouttières :

Le n° 14 . . . . 11 »

Le n° 15 . . . . 13 »

Le n° 16 . . . . 15 »

ASPHALTE

LISSES DE TROTTOIRS ET CONTRE-BORDURES

Heure du chef asphalteur.	»	58
— du manœuvre	»	35
— du maçon-poseur-pinceur.	»	46
— du tailleur de pierres	»	63
Asphalte de Seyssel, les 100 kilog., compris bénéfice.	9	20
Goudron d'Autun. . . — —	23	»
Sable. — Le mètre cube de sable fin de plaine, —	3	50
— de sable de Saône . . —	4	04
Chaux hydraulique, les 1,000 kilog . . . —	27	60
Ciment noir de Pouilly, les 100 kilog. . . . —	6	95
Moellons. — Le mètre cube échantillon des environs de Dijon.	4	99
Grosses aiguilles. — Le mètre cube, compris faux frais.	2	08
Lisses droites. — Le mètre linéaire, — —	3	45
— courbes. . . — — — —	3	75
Contre-lisses droites, — — — —	2	87
— courbes, — — — —	3	16
Charbon d'Épinac, les 100 kilog., compris bénéfice	3	50
Éclairage pendant la nuit, par lumière et par heure . . .	»	05

Mortier. — Chaux hydraulique en poudre et sable ordinaire 14 35

Béton avec grosses aiguilles et mortier précédent, tout compris 12 25

Maçonnerie avec moellons et chaux hydraulique en poudre; le mètre cube 13 80

Lisses droites et courbes.—Le mètre linéaire de lisse droite, compris fouille, dépavage et repavage au sable de Saône; dépose de l'ancienne lisse; pose et taillage de la nouvelle qui, comme dimensions, aura 0m40 de hauteur et 0m20 de largeur moyenne, réduite par la fouillure sous l'asphalte à 0m17 de largeur sur 0m17 de sortie sur la chaussée, sera payé. . 5 50

Les mêmes travaux et fournitures, mais en parties courbes, seront payés, le mèt. lin. . . . . 6 »

Béton de 0m10 d'épaisseur. — Le mètre superficiel de béton en grosses aiguilles de 0m10 de béton, à 12 f. 15 le mètre cube. 1 20

Contre-Bordures droites et courbes. — Le mètre lin. de contre-lisses en parties droites, de 0m24 de largeur sur 0m20 d'épaisseur, placées sur bain de mortier à la chaux hydraulique, jointoiement compris, dépose de l'ancienne et pose de la nouvelle, sera compté. 4 25

Les mêmes parties, mais en courbes. 5 25

Chape en mortier. — Epaisseur de 0m01, mortier de chaux hydraulique ; le mètre superficiel. . . . . » 15

Asphalte, le mètre superficiel. — Sans mélange d'ancien asphalte, sans béton ni chape, en travaux neufs, sur grandes ou petites parties, d'une épaisseur minima de 15 millimètres :

Détail. — Pain asphaltique, déchet compris, 30 kil. à 9 f. les 100 kil. 2 75

Goudron, 2 kil à 23 f. les 100 kil.	» 46	
Sable siliceux lavé, 0m12 à 4 f. 04 le mèt. c. .	» 05	
Houille, 4 kil. à 3 f. 50 les 100 kil.	» 14	
Chef asphalteur, 1/2 heure à » 575.	» 28	
Manœuvre, 1/2 heure à » 35.	» 17	
Usure d'appareils et d'outils.	» 05	
Transports et déplacements d'appareils et d'outils.	» 10	
Prix du mètre superficiel :	4 01	4 01

Asphalte avec chape et béton neuf; le mètre superficiel. —

Asphalte, épaisseur minima, 0m015.	4 »	
Chape, — 0m01.	0 15	
Béton, — 0m10.	1 20	
Prix du mètre superficiel :	5 35	5 35

— avec réemploi de l'ancien, sans chape ni béton, 2 f. 93.

Pain asphaltique, 20 kil. à 9 f. 20 les 100 k.	1 84	
— ancien, 10 kil.; fourni goudron 1 kil. 400 à 23 f. les 100 kil.	» 32	
Sable siliceux commun.	» 03	
Houille, 4 kil.	» 14	
Chef asphalteur	» 28	
Manœuvre.	» 17	
Usure d'appareils et d'outils.	» 05	
Transports et déplacements d'appareils et d'outils.	» 10	
Prix du mètre superficiel :	2 93	2 93

Nota. — Les réparations éparses et en recherches de l'asphalte des trottoirs seront comptées comme il suit :

Les trous de moins de 25 décimètres superficiels (0m25) seront comptés pour 25 décimètres carrés.

Les trous de moins de 50 décimètres carrés (0m50) pour 50 décimètres.

Les trous de moins de 75 décimètres carrés (0^m75) et de plus de 0^m50 pour 0^m75 décimètres superficiels.

Les trous au-dessous de 1 mètre superficiel et au-dessus de 0^m75 seront comptés pour 1 mètre superficiel.

Enfin, tous les trous de plus de 1 mètre superficiel seront comptés pour leur surface réelle.

Il ne sera rien payé pour démolition de l'ancien asphalte, cette main-d'œuvre étant implicitement comprise dans les prix de la série ou les modes d'évaluation qui précèdent.

Solins. — Le mètre linéaire de solins en asphalte neuf. . » 50

FUMISTERIE

Heure du fumiste, poêlier ou tôlier, compris bénéfice.	»	45
— de l'aide-fumiste	»	35
Briques réfractaires, le 1,000, compris bénéfice.	110	»
— ordinaires, le 1,000 de briques rouges, comp. bénéf.	52	»
Plâtre. — Le mètre cube de plâtre ordinaire, —	30	»
Terre réfractaire. — Le mètre cube —	10	»
Tuiles pour conduit. — Le 1,000 —	50	»

SOUS-DÉTAILS

Arrangements contre la fumée. — Tous les prix de la présente série comprennent les nettoyages, les balayages èt la descente et sortie des gravois.

1. Arrangement d'une cheminée de cuisine, avec pose et scellement de plaques, petits jambages, soubassements, etc., jusqu'à 1m20 d'ouverture.	8	»
2. Arrangement d'une cheminée d'appartement, rétrécie à la Rumfort, avec briques neuves, frottées et jointoyées ; soubassement, pente et gousset en plâtre, pose et scellement du châssis à rideau et de la plaque en fonte avec glacis, façon de l'âtre et garnissage du chambranle.	9	»
3. Arrangement d'une cheminée rétrécie en faïence, comme ci-dessus.	10	»

4. Arrangement d'une cheminée rétrécie en faïence, avec pose d'appareils de chauffage, façon de bouche de chaleur et réservoir d'air, pose et percements divers. . . . . 15 »

Nota. — Les prix ci-dessus comprennent fournitures de terre, briques et plâtre seulement.

Bouchement d'une cheminée en plâtre, en tuile, prix moyen. . . . . 1 »

Barre de soubassement. — Barre en fer de 0m04 de largeur, recouverte en cuivre poli; le mètre linéaire.. . . . . 3 »

Chaque centimètre en plus. . . . . » 50

MESURES PRISES A L'EXTÉRIEUR DU CADRE.

Bouches de chaleur en fonte à bascule, avec porte en tôle et bouton en place :

Bouche de 0m07 sur 0m13, la pièce.	2	»
— de 0m11 sur 0m16 —	3	»
— de 0m13 sur 0m20 —	4	50
— de 0m14 sur 0m30 —	7	»

— de chaleur en cuivre, rondes, mesure prise à la douille, à charnière avec grillage :

Bouche de 0m05 de diamètre, la pièce.	1	50
— de 0m06 — —	2	»
— de 0m08 — —	2	50
— de 0m10 — —	3	»
— de 0m13 — —	5	50
— de 0m15 — —	6	50

— de chaleur renforcées en cuivre, charnières montées sur douilles en tôle à coulisse, avec grillage, mesure prise à la douille; le décimètre carré. . . . . 5 »

— en cuivre, carrées, montées sur douilles à soufflet ou à quadrille, avec charnières perdues, joints, anneau entaillé et grillage; le décimètre carré. . . 6 »

Maçonnerie de briques ordinaires, compris parements en briques réfractaires; le mètre cube, 65 fr. — Maçonnerie de briques ordinaires pour fourneaux, compris fourniture de terre à four, tailles et jointoiements intérieurs, pose de châssis et portes, réchauds, plaque de fonte, tampons, etc., tous vides déduits et compris emploi de briques réfractaires en parement autour du foyer; le mètre cube. . . . . 65 »

Construction de calorifères avec massif et murs d'enveloppe, supportant les pièces de l'appareil, couverture, glacis, pose et scellement des appareils en fonte et tôle, jointoiements, compris emploi de briques réfractaires en parements, tous vides déduits.

Attachement sera pris du cube réel qui ne sera jamais supérieur aux 4/10 du cube total du calorifère, même pour le mètre cube de maçonnerie. . . . . . . 65 »

Carreaux ou **panneaux** en faïence ingéréable de 2e choix, compris transport; le mètre sup. compris pose. . . 25 »
— non compris pose 20 »

Au-dessus de 0m80, les prix ci-dessus ne seront pas appliqués.

Cendrier en tôle. — Le kilogramme de cendrier en tôle de toute dimension. 1 40

Cercles de poêle en tôle ou en cuivre poli. — Le kilogramme de cercle en tôle de dimensions quelconques. . . . 1 30
Le kil. de cercle en cuivre laminé poli 4 50
Cercles remis à neuf et repolis, le mèt. lin. . . . . » 20

Châssis à rideau à pièces mobiles en fonte, rideau en tôle forte et cadres en cuivre, moulures unies; la pièce :

Dimensions ordinaires de 0m50 à 0m65. . . . . . . 12 »
Grandes dimensions de 0m70 et au-dessus. . . . . 15 »

Clefs, la pièce.—Clefs de tuyaux de poêle à olive en cuivre et papillon en tôle. 1 50
Clefs en fonte et papillon en tôle. 1 30

Chevrette en fer de 0m16 et au-dessous, la pièce. . . . . . » 50
— — de 0m20 — — . . . . . . » 60
— — de toutes dimensions, le kil. . . . . 1 »

Collier en fer en forme de demi-lune, monté sur tige à scellement pour tuyaux, le kil. . . . . » 80

Colonne à fût avec flamme ou palinotte en faïence :

de 1m00 de hauteur, la pièce. . . . . 16 »
de 1m25 — — . . . . 20 »
de 1m40 — — . . . . 28 »
Colonne en biscuit, les 4/5 des prix ci-dessus.

— en tôle vernie, avec embase et chapiteaux en cuivre :

de 0m14 de diamètre et 1m40 de hauteur. . . . . 14 »
de 0m16 — et 1m40 — . . . . 15 »
de 0m18 — et 1m40 — . . . . 17 »
Par chaque décimètre en plus ou en moins de hauteur, 1er article.. . . . . » 60
2e article. . . . . » 70
3e article. . . . . » 90

Construction d'un poêle maçonné avec ou sans enveloppe (le mètre cube compté sans déduction des vides),
au-dessus de 0m50, le mètre cube. . . . . 45 »
au-dessous de 0m50, prise net. . . . . 30 »
Ces prix comprennent la fourniture des briques, terre à four, plâtre et agrafes, pose des cercles, bouches de chaleur, porte, etc.

Construction et réparation de poêle. — Reconstruction de l'intérieur d'un grand poêle . . . . 20 »
Reconstruction de l'intérieur d'un petit poêle. . . 15 »
— d'un plafond de foyer de poêle. . 2 »
Garnissage et réfection du foyer (plafond, parois) 4 »

Contre-cœur peint en détrempe. . . . . » 25
— — à la mine de plomb et frotté. . . . . » 40

Couvercle en tôle, la pièce, rond ou carré:

De 0m14 de diamètre ou côté, la pièce. . . . . » 80
De 0m16 — — —. . . . . 1 »
De 0m19 — — — 1 20
De 0m22 — — — 1 50
Au-dessus de ces dimensions le kil. sera compté à 1 40

Crevasses recherchées et bouchées dans les appartements, le mètre linéaire. . . . . » 30
— à l'intérieur des tuyaux de cheminées. . . . . » 40

Croissants en fer avec boutons en cuivre. — Petite dimension, la paire. 1 20
— grande dimension 1 50
— avec roseau en cuivre petite dimension. . . . . . . 2 »
— — — grande dimension . . . . . . 3 »

Cuivre rouge pour tuyaux et coudes de toutes dimensions, cloués, planés, le kilogramme. . . . . 5 »
— rouge étamé pour marmites, chaudières, serpentins, etc., le kilogramme. . . . . 6 »

Démolition d'un intérieur de cheminée ordinaire. . . . . 1 »
— — avec faïence et châssis à rideau
d'un poêle ordinaire. . . . . 4 »

Dépose d'un poêle et de ses tuyaux avec remise en dépôt. 1 »

Embase en cuivre de 0m10 à 0m14 de diamètre. 2 20

Encadrement de moulures en cuivre poli monté sur fer.
— de 0m04 à 0m05 de large, le mèt. lin. 3 50
Plus-value pour cadre monté à vis et se démontant à volonté, chaque. . . . . 1 »

Fer pour armature de fourneau, compris taraudage des trous, le kilogramme. . . . . » 70

Fil de fer — Le fil de fer avec agrafes, le kilogramme. . . 1 20

Fonte, le kil., calorifère. — Pour intérieur de calorifère, appareils de chauffage, foyer, grille, plaques, tampons, rondelles, etc. . . . . » 40
— ornée pour devanture de fourneau, plaques, etc. . » 65

Intérieur de cheminée garnie, toutes fournitures comprises, faïence de Besançon, châssis à rideau renforcé à un seul poids et de dimensions ordinaires de 0m30 à 0m65. . . . . 30 »

Intérieur de cheminée à 2 poids, grandes dimensions . . .	35	»
— — faïence de Besançon, à la Rumfort, avec barre en cuivre, dimensions ordinaires (0^m50 à 0^m65).	35	»
— — faïence de Besançon, à la Rumfort, avec barre en cuivre, grandes dimensions.	40	»
Grille en fonte pour réchaud, de 0^m10 de diamètre.	»	60
— — — de 0^m13 —	»	70
— — — de 0^m16 —	»	80
— — — de 0^m19 —	»	90
— — — de 0^m21 —	1	10
Lessivage des faïences d'un poêle avec réfection des joints	1	»
— d'une cheminée à façade en faïence, compris nettoyage des cuivres.	1	»
Location d'un poêle en fonte ou en faïence avec les tuyaux; pose, dépose, transport, percements, etc.	5	»
Pour chaque jour.	»	10
Mitre en grès ou en terre, fourniture.	2	»
— — — compris pose, solins et garnissage	3	50
Manchette sans tampon, la pièce, dimensions ordinaires.	»	80
— — — grandes dimensions . .	1	»
Nettoyage et ramonage, compris lessivage des faïences, frottage des cuivres et passage des tôles à la mine :		
— d'un poêle ordinaire à colonne ou d'une cheminée à la prussienne avec les tuyaux	2	»
— d'un poêle en faïence ou biscuit avec dépose et repose des tablettes et dégorgement des conduits intérieurs.	3	»
— d'un calorifère de grandes dimensions, compris jointoiement et garnissage, dépose, repose et frottage des tampons et tuyaux de fumée.	5	»
Si les poêles ont plus de 5 mètres de tuyaux, il sera alloué par mètre linéaire de tuyaux en plus.	»	10

Noircissage à la mine de plomb pour tuyaux et plaques, le mètre sup.	»	40
Parement de briques frottées et jointoyées avec soin, pour calorifère et pour fourneau.	2	»
Pattes ordinaires pour attacher le fil de fer.	»	25
Peinture à l'huile et au minium, à une couche, le m. sup.	»	50
— — à deux couches —	1	»
Porte en tôle pour toute dimension, porte en tôle forte avec châssis, pentures et porte à coulisse, le kil.	1	30
Plus-value pour portes avec ferrures dressées et chanfreinées à la lime, par porte	2	»
Observation. — Les portes en fonte avec châssis en fonte, bouton et coulisse, seront payées, le kil.	»	50
Percement avec ragréages d'une cloison de 0m10 à 0m20.	1	»
— — d'un mur en moellon de 0m50.	4	»
— — — — de 0m50 à 1m00.	8	»
Dans ces prix sont compris les ragréages en plâtre.		
Pose de bouche de chaleur ou grille, compris scellement et garnissage en plâtre	1	»
— de tablette de poêle, liais ou marbre, compris toutes fournitures.	1	50
— de tuyaux à l'intérieur des appartements, le m. lin.	»	10
— de tuyaux neufs sur les combles avec solins, le mèt. lin.	1	50
— d'un poêle ou d'une cheminée à la prussienne avec tuyaux, tout compris.	1	50
— d'appareils de chauffage de l'air pour cheminée, compris fourniture de briques, tuiles, terre, plâtre, etc., pose des bouches et tuyaux, la pièce.	9	»
— d'une trappe de cheminée, compris scellement. . .	1	50
— ajustement, descente, mise en place, pose et scellement d'appareils de calorifère, le kil.	»	10

Soupapes en forte tôle, servant à régler la circulation de l'air dans les conduits de chaleur, montées sur châssis en fer à scellement, avec douilles en tôle et tige à poignée, le kil. 1 40

Tampons en tôle ronds ou carrés. — Le kilogramme de tôle pour des tampons au-dessus de 0m18 de diamètre, sera payé, tout compris 1 30

Tampon ordinaire de 0m10 avec manchette, compris pose 1 20

Tampon ordinaire de grande dimension, 0m15, compris pose 1 50

Tôlerie, pose comprise. — Feuille coupée et planée; le kilogramme. . . . . » 50

Tuyaux ronds ordinaires; le kilogramme . . . . 1 »

Tuyaux carrés ou ovales, pour conduits de chaleur, capotes, mitres T, hottes, chaudières, réservoirs, etc.; le kilogramme. 1 20

Fours étuves sans portes, appareils de calorifère, tambours, culottes, tubulures, etc.; le kilogramme. 1 40

Pour les tuyaux ou appareils placés à l'extérieur, le long des murs ou sur des souches de cheminée (échafaudage compris), en travaux neufs, le kilogramme sera payé 1 80

En réparation, le kilogramme de tôle neuve fournie sera payé . . . . 2 »

Tôle douce pour coudes en 1/4 de rond, cintrés et agrafés à la mécanique :

Coudes de 0m08 de diamètre; la pièce . . . . » 80
— de 0m10 — — . . . . 1 »
— de 0m11 — — 1 30
— de 0m12 — — 1 50
— de 0m13 — — 1 80

Coude carré ou obtus, de 0m10 à 0m13; la pièce . . 1 »

Transport d'un poêle du magasin de l'entrepreneur au bâtiment, et réciproquement . . . . 2 »

Trappe en tôle forte de cheminée, compris châssis et crémaillère mobile en forte tôle, montée sur traverse à tourillons, fermant dans un châssis en fer fort, portant deux oreilles évidées, pitons, crémaillère, tringles avec ou sans pattes à scellement, compris pose et toutes fournitures; le kilogramme. 1 40

Tuyaux de $0^{m}10$ à $0^{m}13$ de diamètre, en tôle ordinaire; le mètre linéaire. 2 50

En tôle forte, de $0^{m}001$, en place; le mètre linéaire. 3 »

Nota. — Toutes les pièces, comme busc, capote, cauchoise et abat-vent, champignons divers, cintre, culotte, entonnoir, mitre, abat-vent, etc., seront payées, le kilogramme 1 20

Ventouse en fonte ou tôle grillagée, de $0^{m}10$ à $0^{m}13$ de diamètre, percement non compris, scellement et pose; la pièce. . . . . 1 »

De $0^{m}13$ à $0^{m}18$ de diamètre; la pièce 1 50

De $0^{m}18$ à $0^{m}20$ — — 1 50

De $0^{m}20$ à $0^{m}25$ — — . . . . 2 »

De $0^{m}25$ — — 2 50

De $0^{m}25$ à $0^{m}30$ — — 3 50

Vis en fer communes à écrou, pour cercles de poêle; fourniture seulement . . . . » 40

A la romaine polie; fourniture seulement. . . . . . . » 50

Vis en cuivre, à un ou deux écrous. — N° 1 pour cercles jusqu'à $0^{m}03$ de large . . . . 1 »

N° 1 pour cercles au-dessous de $0^{m}03$ de large . . . 1 50

Dijon, imp. Rabutôt, Victor Darantiere, Sr.

TABLE

www.ingramcontent.com/pod-product-compliance
Ingram Content Group UK Ltd.
Pitfield, Milton Keynes, MK11 3LW, UK
UKHW021557260726
13993UKWH00002B/901